中等职业教育国家规划教材
全国中等职业教育教材审定委员会审定
全国建设行业中等职业教育推荐教材

建筑装饰施工技术

（建筑装饰专业）

主编　兰海明
审稿　甘绍熺　纪鸿声

中国建筑工业出版社

图书在版编目（CIP）数据

建筑装饰施工技术/兰海明主编．—北京：中国建筑工业出版社，2003（2021.6 重印）
中等职业教育国家规划教材．全国中等职业教育教材审定委员会审定．全国建设行业中等职业教育推荐教材．建筑装饰专业
ISBN 978-7-112-05398-8

Ⅰ．建…　Ⅱ．兰…　Ⅲ．建筑装饰-工程施工-施工技术-专业学校-教材　Ⅳ．TU767

中国版本图书馆 CIP 数据核字（2002）第 110160 号

本书着重介绍建筑装饰施工的基本知识、基本方法、基本技能。共分11章，主要包括：抹灰工程、贴面工程、镶板工程、涂饰工程、裱糊工程、楼地面工程、吊顶工程、门窗工程、店门装饰工程和其他装饰工程。

本书结构简明，内容新颖，注重实际，操作性强。

本书系中等职业学校建筑装饰专业系列教材之一，同时亦可作为建筑装饰企业施工、设计、管理人员以及建筑装饰从业人员的培训教材和自学用书。

中等职业教育国家规划教材
全国中等职业教育教材审定委员会审定
全国建设行业中等职业教育推荐教材
建筑装饰施工技术
（建筑装饰专业）
主编　兰海明
*
中国建筑工业出版社出版、发行（北京西郊百万庄）
各地新华书店、建筑书店经销
北京京华铭诚工贸有限公司印刷
*
开本：787×1092 毫米　1/16　印张：8¾　字数：208 千字
2003 年 1 月第一版　2021 年 6 月第十六次印刷
定价：**17.00** 元
ISBN 978-7-112-05398-8
（21031）

中等职业教育国家规划教材出版说明

为了贯彻《中共中央国务院关于深化教育改革全面推进素质教育的决定》精神，落实《面向21世纪教育振兴行动计划》中提出的职业教育课程改革和教材建设规划，根据教育部关于《中等职业教育国家规划教材申报、立项及管理意见》（教职成［2001］1号）的精神，我们组织力量对实现中等职业教育培养目标和保证基本教学规格起保障作用的德育课程、文化基础课程、专业技术基础课程和80个重点建设专业主干课程的教材进行了规划和编写，从2001年秋季开学起，国家规划教材将陆续提供给各类中等职业学校选用。

国家规划教材是根据教育部最新颁布的德育课程、文化基础课程、专业技术基础课程和80个重点建设专业主干课程的教学大纲（课程教学基本要求）编写，并经全国中等职业教育教材审定委员会审定。新教材全面贯彻素质教育思想，从社会发展对高素质劳动者和中初级专门人才需要的实际出发，注重对学生的创新精神和实践能力的培养。新教材在理论体系、组织结构和阐述方法等方面均作了一些新的尝试。新教材实行一纲多本，努力为教材选用提供比较和选择，满足不同学制、不同专业和不同办学条件的教学需要。

希望各地、各部门积极推广和选用国家规划教材，并在使用过程中，注意总结经验，及时提出修改意见和建议，使之不断完善和提高。

教育部职业教育与成人教育司

2002年10月

前　言

随着我国社会主义市场经济和教育事业的不断发展，中等职业教育面临新的机遇和挑战。为贯彻教育部中职教育改革的精神，满足各中等学校教学的迫切需要，以期更有效地培养实用型、技能型的一线建筑装饰施工人员，我们编写了这本教材。

本书力求避免以往同类教材存在的体系庞大、重理论轻实际的通病，强调基本的实际操作和技能培养。具有很强的综合性、实用性、技能性和操作性。

编写内容上突出重点、难点，体现时代特征和专业特色。主要介绍常见装饰工程的材料选用、施工过程和操作要点，注重对学生实际技能的培养，还吸收了一些有关装饰施工的新技术、新工艺和新材料知识，以及最新装修工程质量验收规范和国家标准。并在每章后面附有实际操作题，以便有条件的学校进行实训教学，提高教学效果，培养学生的实际动手能力。

编写形式上做到通俗化、图解化。书中插图达123幅，图文并茂、相得益彰，使读者一看即明，易学易懂。

本教材也可作为建筑装饰企业的施工、设计、管理等人员以及社会装饰从业人员的培训教材和自学用书。

本书由江西工程职业技术学院（原江西省第一工业学校）兰海明主编，并编写了第一章、第五章、第八章和第十一章，大连建筑工程学校王斌编写了第三章、第四章、第九章和第十章，长沙建筑工程学校陈晖编写了第二章、第六章和第七章，并受教育部委托由清华大学建设管理系甘绍熺和纪鸿声教授对全书进行主审。本书在编写过程中得到了有关专家、装饰公司、建设部和中国建筑工业出版社的大力支持和帮助，并参阅了有关作者的文献资料，在此一并表示感谢。

由于我们的水平有限，加之编写时间较仓促，不当之处，恳望读者批评指正。

编　者

2002年12月

目　录

第一章　建筑装饰施工技术概述

第一节　建筑装饰施工的任务和特点

一、建筑装饰施工的任务

随着我国国民经济的迅速发展和人民生活水平的进一步提高，建筑装饰已进入各地区、各单位和各家各户，成为我们经济生活和精神生活的一个重要组成部分。建筑装饰包括设计、材料、施工、预算等各方面的技术工作，而其中的装饰施工是体现装饰设计意图、消耗各种装饰材料和影响装饰工程造价的重要环节。

所以，建筑装饰施工的任务就是借助于各种装饰材料的质感、纹理、色彩以及高超的装饰施工工艺，遵循装饰工程的操作规程和国家的质量验收规范，按照设计要求将建筑物内外装扮得丰富多彩，从而满足人们的生活需要和精神需求。

二、建筑装饰施工的特点

和建筑工程施工相比，建筑装饰施工具有以下几个特点：

1. 装饰材料的品种、规格繁多

通常，建筑工程如果具备砖、砂石、钢筋、水泥、木材、玻璃、石灰、沥青等主要的建筑材料，即可完成建筑物（如基础和主体工程）的施工过程。虽然这些建筑材料也有不同的品种、规格，但是和装饰材料的品种、规格数量相比则相差甚远。以木材为例，建筑工程中经常且大量使用的木材主要是杉木和松木两种，主要用于制作、安装木门窗和混凝土浇注用模板。而装饰工程中所使用的木材仅板材就有上百种，如普通板、水曲柳板、花梨板、榉木板（又分红榉板和白榉板）、花樟板、枫木板、树根板等等，可谓举不胜举。

2. 装饰工程施工项目多、工种多

由于建筑物本身的多样性、甲方要求的多样性、加上设计手法和构造方式的多样性，使得装饰工程施工也具有多样性。常见的施工项目有楼地面工程、镶板工程、门窗工程、抹灰工程、贴面工程、裱糊工程、顶棚工程、店门装饰工程、其它装饰工程等等。涉及到的施工工种有泥工、木工、油漆工、管道工、电工等十三个工种。所以，这就要求施工管理技术人员做好施工组织设计、合理安排施工进度、协调好各工种的关系，避免出现停工待料、窝工、前松后紧等现象，以保证工期和工程质量。

3. 劳动量消耗大、手工操作多

由于技术含量低，目前建筑装饰施工仍以手工操作为主，机械施工为辅，劳动力消耗量占装饰工程总消耗量的比重相当大。据测定，装饰工程造价中人工费占30%左右。而且，装饰的档次越高该比重越大，有些高的达到50%以上。所以，改进施工工艺、提高机械化水平进而减少劳动力消耗、降低工程成本，是装饰工程技术研究亟待解决的问题。

第二节　建筑装饰施工的作用和范围

一、建筑装饰施工的作用

1. 保护建筑物的结构构件，延长建筑物的使用寿命

建筑物的结构构件主要有内、外墙、梁、板、柱等，它们是建筑物的重要组成部分，为了满足承受荷载的需要，应具有足够的强度和耐久性。如果这些结构构件长期暴露在外，会受到风吹、雨淋、雪冻、日晒以及大气中有害气体的腐蚀，甚至人为的损坏，严重影响建筑物的强度和耐久性。所以，在这些结构构件的外表进行适当的装饰，就好比给它们穿上了防护衣，可以得到有效的保护，避免自然的腐蚀和人为的损坏，从而延长建筑物的使用寿命。

2. 改善建筑物的空间环境，满足人们的使用需要

人们对建筑空间的要求不仅仅是能够居住，还要求尽量好用，使生活更方便。室内具有良好的采光、通风、透气、调温、清洁等使用性能，可以使生活在其中的人感到方便。例如，顶棚的装饰可以在采光方面大做文章，墙面贴上釉面砖可方便清洁卫生。因此，通过对建筑物的装饰可以改善建筑物的空间环境，满足人们的使用需要。

3. 美化人们的生活环境，满足人们的精神需求

随着人们的生活水平和审美观念的不断提高，人们的需求层次不再停留在物质需求上。在有房子住和住得方便的基础上，人们还要求住得舒服、住得有情趣。为此，建筑装饰借助装饰材料的质感、色彩、线条和造型、构造手法来创造某种预定的装饰效果，营造出或欢快、热烈、华丽，或轻松、愉快、淡雅，或庄重、平稳、严肃的空间环境。而且，建筑装饰还可以利用人的感觉和视觉反应营造某种特定的环境效果，以使人产生不同的情感和心理。

二、建筑装饰施工的范围

一般来说，广义的建筑工程包括基础及主体工程、设备安装工程（包括专用设备安装工程和水电安装工程）和装饰工程三个部分。其中的装饰工程和室内部分的水电安装工程就是建筑装饰施工的范围。可以从以下两个角度来划分建筑装饰施工的范围：

1. 按建筑物的具体用途分

建筑物根据其具体用途分为工业建筑、民用建筑（包括居民住宅建筑和公共民用建筑）、农业建筑、军用建筑等。目前，我国大部分建筑装饰工程主要集中在民用建筑上。这些民用建筑主要包括各类居民住宅、商场、宾馆、医院、银行、办公大楼、影剧院、歌舞厅等。随着我国经济的发展和其他公用建筑要求的提高，建筑装饰的范围将不断扩大。

2. 按建筑物的装饰部位分

建筑物的装饰部位分室内和室外两大类。建筑物的室内装饰部位主要有楼地面、内墙柱面、门窗、顶棚、隔墙（或隔断）、灯具、家具、陈设等；室外装饰部位主要有外墙面、门窗、雨篷、檐口、入口、台阶、屋面、建筑小品等。可根据不同的建筑部位进行不同方法和不同标准的装饰。

第三节 建筑装饰工程的等级和标准

建筑装饰工程的等级和标准是一个问题的两个方面。一般来说，建筑装饰工程的等级越高则装饰标准也越高。另一方面，建筑装饰工程的等级和标准的高低实际上还与甲方的资金能力有关。建筑装饰工程的等级大体上可划分为特级、高级、中级、一般四个等级。具体情况如下：

1. 特级建筑装饰工程

主要是国家级的会堂、纪念性建筑物、国宾馆、博物馆、图书馆、美术馆、剧院、音乐厅等；国际性的会议中心、体育中心、大型航空机场等等。例如人民大会堂、钓鱼台国宾馆、在建的国家大剧院等就属于特级建筑装饰工程。

2. 高级建筑装饰工程

主要有省级会堂、博物馆、图书馆、美术馆、影剧院、音乐厅、展览馆、档案馆、邮电通信大楼、省部级机关办公大楼、大型体育中心、文化馆、少年宫、报告厅、室内游泳馆等等。例如浙江省的黄龙体育中心、中国科学院的学术报告厅、江西省展览馆等就属于高级建筑装饰工程。

3. 中级建筑装饰工程

主要有综合服务大楼、百货大楼、邮电局、医院门诊部、电教楼、教学实验楼、幼儿园、招待所、火车站等等。例如县级办公大楼、各中小城市的百货大楼、邮电局、医院门诊部等就属于中级建筑装饰工程。

4. 一般建筑装饰工程

主要有一般办公楼、中小学教学楼、阅览室、图书馆、百货商店、汽车站等等。例如各乡镇级的办公楼、中小学教学楼、汽车站等。

第四节 建筑装修防火规范

一、建筑内部装修防火规范

为了保障建筑内部装修的消防安全，防止和减少建筑物火灾的危害，国家技术监督总局、建设部联合发布了《建筑内部装修设计防火规范》(GB50222)，现摘要如下：

总则

(1) 为保障建筑内部装修的消防安全，贯彻“预防为主、防治结合”的消防工作方针，防止和减少建筑物火灾的危害，特制定本规范。

(2) 本规范适用于民用建筑和工业厂房的内部装修设计。本规范不适用于古建筑和木结构建筑的内部装修设计。

(3) 建筑内部装修设计应妥善处理装修效果和使用安全的矛盾，积极采用不燃性材料和难燃性材料，尽量避免采用在燃烧时产生大量浓烟或有毒气体的材料。若采用可燃材料时，必须作阻燃处理。

(4) 本规范规定的建筑内部设计，在民用建筑中包括顶棚、墙面、地面、隔断的装修，以及固定家具、窗帘、帷幕、床罩、家具、包布、固定饰物等；在工业厂房中包括顶棚、墙面、地面和隔断的装修。

（5）建筑内部装修设计，除执行本规范的规定外，尚应符合现行的有关国家标准、规定。

（6）客运站的候车厅，售票厅的吊顶以及闷顶内的吸音、隔断、保温等材料不得采用易燃及受高温大量发烟的材料填充。

影剧院观众厅吊顶内的吸音、隔热、保温材料和观众厅或乐池内的装饰材料均应采用不燃烧材料或难燃烧材料，采用可燃材料时必须作阻燃处理。观众厅和舞台内的灯光控制室、如光桥及耳光室均应采用不燃烧材料或难燃烧材料。观众厅屋顶或侧墙上部原来的通风、排烟设施装饰时不得随意封闭或取消。

（7）剧场、电影院的观众厅出入口及疏散外门、商店营业厅的出入口、安全门等公共建筑的疏散外门，门净宽不低于1.40m，应设双扇外开门，并有明显的指示标志，门不得设门槛，严禁使用推拉门、卷帘门、转门、折叠门。门外需设踏步时，应离开门边1.40m以上。

（8）影剧院、体育场馆的观众厅疏散通道中，2m以下不得设突出墙面的装饰物，装饰时不得设置落地镜子及装饰性假门。观众厅内设置的小卖部和存衣柜不得影响疏散。商店内装饰的橱窗、广告牌均不得影响、占用设置在商店营业部分的疏散通道和防火设计要求的疏散宽度。装饰时也不得随意拆除原设计的通廊、排烟装置、防火墙、防火门窗、防火卷帘等。

（9）疏散通道装饰时，应该设疏散指示图标和事故照明。疏散指示标志宜放在太平门的顶部或疏散通道及其转角处距地面高1m以下的墙上，通道上的指示标志间距不大于20m。事故照明灯宜设在墙面或顶棚上。

（10）其他条款均按有关现行标准要求执行。

二、建筑装修材料防火等级分类

（1）装修材料按其中使用部位的功能，可划分为顶棚装修材料、墙面装修材料、地面装修材料、隔断装修材料*、固定家具、装饰织物、其他装饰材料七类。

注：①装饰织物系指窗帘、帷幕、床罩、家具包布等；

②其他装饰材料系指楼梯扶手、挂镜线、踢脚板、窗帘盒、暖气罩等。

（2）装修材料按其燃烧性能分为四级，并应符合表1-1的规定。

装修材料燃烧性能等级 **表1-1**

等级	装修材料燃烧性能	等级	装修材料燃烧性能	等级	装修材料燃烧性能	等级	装修材料燃烧性能
A	不燃性	B_1	难燃性	B_2	可燃性	B_3	易燃性

（3）安装在钢龙骨上的纸面石膏板，可作为A级装修材料使用。

（4）当胶合板表面涂覆一层饰面型防火涂料时，可作为B_1级装修材料使用。

注：饰面型防火涂料的等级应符合现行国家标准《防火涂料防火性能试验方法及分级标准》的有关

*注：（1）隔断系指不到顶的隔断，到顶的固定隔断装修应与墙面规定相同。

（2）柱面的装修应与墙面的规定相同。

规定。

(5) 单位重量小于300g/m² 的纸质、布质壁纸，当直接粘贴在A级基材上时，可作为B_1级装修材料使用。

(6) 施涂于A级基材上的无机装饰涂料，可作为A级装修材料使用；施涂于A级基材上，湿涂覆比小于1.5kg/m² 的有机装饰涂料，可作为B_1级装修材料使用。

(7) 当采用不同装修材料进行分层装修时，各层装修材料的燃烧性能等级均应符合本规范的规定。复合型装修材料应由专业检测机构进行整体测试并划分其燃烧性能等级。

三、建筑内部装修常用材料燃烧性能等级划分举例

常用材料燃烧性能等级划分与举例 **表1-2**

材料类别	级别	材料举例
各部位材料	A	花岗石、大理石、水磨石、水泥制品、混凝土制品、石膏板、石灰制品、黏土制品、玻璃、瓷砖、马赛克、钢铁、铝合金、铜合金、不锈钢、钛金板等
顶棚材料	B_1	纸面石膏板、纤维石膏板、水泥刨花板、矿棉装饰吸声板、玻璃棉装饰吸声板、珍珠岩装饰吸声板、难燃胶合板、难燃中密度纤维板、岩棉装饰板、难燃木材、铝箔复合材料、难燃酚醛胶合板、铝箔玻璃钢复合材料等
墙面材料	B_1	纸面石膏板、纤维石膏板、水泥刨花板、矿棉板、玻璃棉板、珍珠岩板、难燃胶合板、难燃中密度纤维板、防火塑料装饰板、难燃双面刨花板、多彩涂料、难燃墙纸、难燃墙布、难燃仿花岗岩装饰板、氯氧镁水泥装配式墙板、难燃玻璃钢平板、PVC塑料护墙板、轻质高强复合墙板、阻燃模压木质复合板材、彩色阻燃人造板、难燃玻璃钢等
	B_2	各类天然木材、木制人造板、竹材、纸制装饰板、装饰微薄木贴面板、印刷木纹人造板、塑料贴面装饰板、聚酯装饰板、塑料壁纸、复塑装饰板、塑纤板、胶合板、无纺贴墙布、墙布、复合壁纸、天然材料壁纸、人造革等
地面材料	B_1	硬PVC塑料地板、水泥刨花板、水泥木丝板、氯丁橡胶地板等
	B_2	半硬质PVC塑料地板、PVC卷材地板、木地板氯纶地毯、实木地板、复合地板等
装饰织物	B_1	经阻燃处理的各类难燃织物等
	B_2	纯毛装饰布、纯麻装饰布、经阻燃处理的其他织物等
其他装饰材料	B_1	聚氯乙烯塑料、酚醛塑料、聚碳酸酯塑料、聚四氟乙烯塑料、三聚氰胺、脲醛塑料、硅树脂塑料装饰型材、经阻燃处理的各类织物等。另见顶棚材料和墙面材料内中的有关材料
	B_2	经阻燃处理的聚乙烯、聚丙烯、聚氨酯、聚苯乙烯、玻璃钢、化纤织物、木制品等

注：隔断材料、固定家具材料同墙面材料。

第五节 《建筑装饰施工技术》的教学方法和要求

一、《建筑装饰施工技术》的教学方法

《建筑装饰施工技术》是三年制中等职业学校建筑装饰专业的一门专业主干课程。本课程涉及到装饰设计、装饰材料、装饰构造等课程的相关知识和技能，而且实践性强，是培养建筑装饰施工技能的关键课程。因此，为了达到教学目的，教与学两个方面应注意以

下几个问题：

(1) 教学地点应主要在实际现场或模拟现场进行，理论知识在现场讲解。

(2) 教学形式可采取教师示范、现场观摩、市场参观、动手操作等形式。

(3) 日常的课堂教学和实习专用周相结合，总体上按教学大纲的要求完成各章内容中的实际操作任务。

二、《建筑装饰施工技术》的教学要求

(1) 为保证教学效果，培养学生的施工技能，教学中应具备一定的教学条件。包括：各相关学校有比较稳定的校外实习基地（如装饰公司)、校内的装饰施工技术模拟实训室；购置一定数量和种类的小型装饰施工机具、购置相关的装饰材料。

(2) 在教师的指导下，学生要做到安全第一、吃苦耐劳、肯学肯干。

(3) 教学中要树立尊重科学、保证质量、降低成本的观念。严格按照国家建筑装修工程质量验收规范进行教学，同时了解国内外最新动态，学习新材料、新工艺，鼓励大胆创新。

思考题与习题

1-1　建筑装饰施工有哪些特点?

1-2　建筑装饰施工的作用是什么?

1-3　简述建筑装修材料防火等级的分类情况。

第二章 抹 灰 工 程

第一节 概 述

抹灰又称粉刷，是用水泥、石灰膏为胶凝材料加入砂或石粒，与水拌和成砂浆后，涂抹在建筑物的墙、顶、地等表面上的一种操作工艺。抹灰工程是建筑装饰工程中的一个重要组成部分，具有材料来源广、造价低廉、施工简便、工程量大等特点。

一、抹灰工程的分类

1. 按抹灰部位分

（1）室内抹灰：一般包括顶棚、墙面、楼地面、墙裙、踢脚板、楼梯等处抹灰。

（2）室外抹灰：一般包括屋檐、女儿墙、外墙面、窗台、阳台、雨篷、勒脚等处抹灰。

2. 按使用材料和装饰效果分

（1）一般抹灰：一般抹灰所使用的材料，分为石灰砂浆，水泥砂浆、水泥混合砂浆、聚合物水泥砂浆、膨胀珍珠岩水泥砂浆和麻刀石灰、纸筋石灰、石膏灰等。按质量要求的不同，一般抹灰又分为普通和高级两个等级，见表2-1。

一般抹灰的等级及工序要求 **表2-1**

级 别	工 序 要 求	适 用 范 围
普通抹灰	一道底层、一道中层和一道面层，阳角找方，设置标筋，分层赶平，修整，表面压光	适用于一般住宅、公共建筑、工业厂房和高级建筑物中的附属用房
高级抹灰	一道底层、数道中层和一道面层，阴阳角找方，设置标筋，分层赶平，修整，表面压光	适用于大型公共建筑、纪念性建筑物和有特殊要求的高级建筑物

（2）装饰抹灰：指通过操作工艺及选用材料等方面的改进，而使抹灰富于装饰效果的水刷石、干粘石、斩假石、假面砖、拉条灰等。

（3）特种砂浆抹灰：根据建筑物的特殊功能要求的不同，特种砂浆抹灰又分为保温隔热砂浆抹灰、耐酸砂浆抹灰和防水砂浆抹灰等。

二、抹灰饰面的组成

1. 抹灰饰面的分层

为使抹灰面与基体间粘结牢固，防止抹灰面起鼓开裂，并保证其表面平整度，抹灰工程应分层进行。抹灰饰面一般由底层、中层和面层组成，如图2-1所示。底层主要起与基层粘结的作用，中层主要起找平的作用，面层主要起

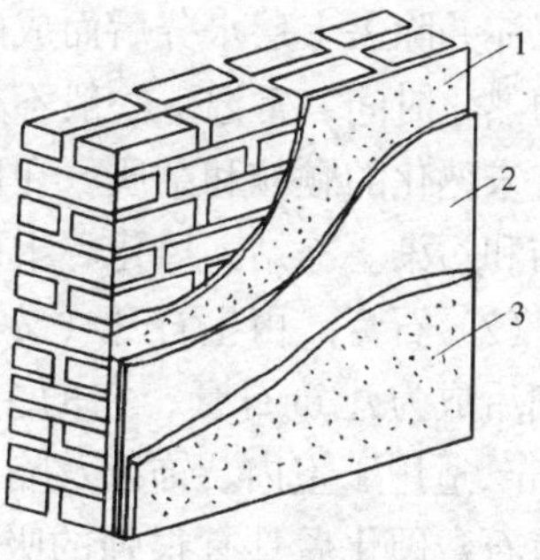

图2-1 抹灰组成图
1—底层；2—中层；3—面层

装饰美化的作用。

2. 抹灰层的厚度

各抹灰层的厚度根据基层的材料、抹灰砂浆种类、墙体表面的平整度和抹灰质量要求以及各地气候情况而定。如果一次抹得太厚，由于内外层的干燥速度不一致而使抹灰层开裂，同时也浪费了材料。抹灰层的平均总厚度不应大于表 2-2 的规定。各层抹灰经过赶平压实后，每遍厚度应符合表 2-3 的规定。

抹灰层的平均总厚度　　表 2-2

项次	部位或基体	抹灰层的平均总厚度（mm）
1	顶棚、现浇混凝土、板条、空心砖 预制混凝土 金属网	15 18 20
2	内墙	20（普通抹灰） 25（高级抹灰）
3	外墙 勒脚及突出墙面部分	20 25
4	石墙	35

抹灰层的每遍厚度　　表 2-3

采用砂浆品种	每遍厚度（mm）
水泥砂浆	5～7
石灰砂浆和水泥混合砂浆	7～9
麻刀石灰	不大于 3
纸筋石灰和石膏灰	不大于 2
装饰抹灰用砂浆	应符合设计要求

三、抹灰工程中的常用材料

抹灰工程中的常用材料有胶凝材料、骨料、纤维增强材料、颜料和胶粘剂等。

（一）胶凝材料

在建筑工程中，将砂、石等散粒材料或块状材料粘结成一个整体的材料，统称为胶凝材料。胶凝材料分为有机胶凝材料和无机胶凝材料两类。石油沥青、煤沥青及各种天然和人造树脂属于有机胶凝材料；水泥、石灰、石膏等属于无机胶凝材料。在抹灰工程中，常用的是无机胶凝材料，它又分为气硬性胶凝材料和水硬性胶凝材料两类。

1. 气硬性胶凝材料

气硬性胶凝材料是指在空气中硬化，并能长久保持强度或继续提高强度的材料。常用的有石灰膏、石膏、水玻璃、亚黏土等。

(1) 石灰膏。石灰膏是经生石灰在化灰池中加水熟化成石灰浆，通过网孔流入储灰池中沉淀并除去上层水分后而成的。淋制时，必须用孔径 3mm×3mm 的筛过滤。在储灰池内的熟化时间，常温下一般不少于 15d，用于罩面时不少于 30d；使用时，石灰膏内不得含有未熟化的颗粒和杂质。在储灰池中的石灰膏，应保留一层水加以保护，防止其干燥、冻结和污染。冻结、风化、干硬的石灰膏，不得使用。

(2) 石膏。由生石膏（又称二水石膏）在 100～190℃ 的温度下锻烧而成熟石膏，经磨细后成为建筑石膏，它的主要成分是半水石膏。建筑石膏色白，密度为 2.60～2.75 g/cm^3，适用于室内装饰以及隔热、保温、吸音和防火等饰面，但不宜靠近 60℃ 以上高温。建筑石膏硬化后具有很强的吸湿性，耐火性和耐寒性都比较差，不宜在室外装饰工程使用，同时需要防止受潮和避免长期存放。

2. 水硬性胶凝材料

水硬性胶凝材料是指遇水凝结硬化并保持一定强度的材料，主要指各种水泥。在抹灰工程中，常用的有一般水泥和装饰水泥。一般水泥有硅酸盐水泥、普通水泥、矿碴水泥、火山灰水泥和粉煤灰水泥；装饰水泥有白水泥和彩色水泥。常用的水泥强度等级为32.5R和42.5R两种。在贮存时应防止风吹、日晒和受潮，贮存时间不宜超过出厂日期3个月。

（二）骨料

（1）砂。砂是自然条件下形成的，粒径在5mm以下的岩石颗粒，其粒径一般规定为0.15～5mm。抹灰用砂最好采用中砂，或者粗砂与中砂混合使用。砂是砂浆中的骨架材料，它能减少水泥用量，增加砂浆的强度。抹灰砂浆中常用的是普通砂，包括自然山砂、河砂和海砂等。此外还有石英砂，包括天然石英砂，人造石英砂和机制石英砂，多用于配制耐腐蚀砂浆。砂在使用时应过筛，不得含有杂质，要求颗粒坚硬、洁净，含泥量不得超过3%。

（2）石粒。石粒主要用于装饰抹灰中，包括天然石粒、砾石、石屑，人造彩色瓷粒等。天然石粒是由天然大理石、白云石、花岗石及其他天然石材经破碎加工而成的，按其粒径大小分为大八厘、中八厘、小八厘和米粒石，它们的粒径分别约为8mm、6mm、4mm和4mm以下等。砾石是自然风化形成的石子，其粒径为5～10mm。石屑是比石粒粒径更小的细骨料。人造彩色瓷粒是以石英、长石和瓷土为主要原料烧制而成的一种材料，其粒径为1.2～3.0mm，它的性能稳定性要好于天然石粒。抹灰工程所用的石粒应颗粒坚硬、有棱角、洁净，不含有风化的石粒及其他有害物质。使用前应冲洗过筛，按颜色、规格分类堆放。

此外，骨料中还有膨胀珍珠岩和膨胀蛭石，这类材料密度极轻，导热系数很小，适用于有保温、隔热和吸音要求的室内墙面。

（三）纤维材料

纤维材料在抹灰工程中起拉结和骨架作用，可提高抹灰层的抗拉强度、弹性和耐久性，使之不易开裂和脱落。常用的纤维材料有麻刀、纸筋、草秸、玻璃纤维等。

（四）颜料

颜料能提高抹灰的装饰效果。抹灰用的颜料必须为耐碱、耐光的矿物颜料或无机颜料。常用的颜料有氧化铁红、氯化铁黄、铬黄、铬绿、钴蓝、氯化铁棕、氧化铁紫、氧化铁黑和钛白粉等。

（五）胶粘剂

胶粘剂能提高砂浆的粘结性、柔韧性、稠度和保水性，减少面层的开裂和脱落，便于砂浆的施工操作，提高抹灰质量。常用的胶粘剂有甲基硅醇钠、木质素磺酸钙、聚醋酸乙烯乳液（白乳胶）、工业硫酸铝、羧甲基纤维素等。其中，以108胶应用最为广泛。

在水泥砂浆中掺入108胶的作用有：

（1）提高饰面层与基层的粘强强度。

（2）减少或防止饰面层开裂、粉化、脱落等现象。

（3）改善砂浆的和易性，减轻砂浆的沉淀、离析等现象。

（4）降低砂浆容重，减慢吸水速度。但掺入108胶会使砂浆强度降低。

（六）一般抹灰砂浆的配合比

一般抹灰砂浆的配合比，可参见表 2-4。

一般抹灰的砂浆配合比　　表 2-4

材　　料	配合比（体积比）	应　用　范　围
石灰∶砂	1∶2～1∶3	砖石墙（潮湿环境除外）面层
水泥∶石灰∶砂	1∶0.3∶3～1∶1∶6	墙面混合砂浆打底
水泥∶石灰∶砂	1∶0.5∶1～1∶1∶4	混凝土顶棚混合砂浆打底
水泥∶石灰∶砂	1∶0.5∶4.5～1∶1∶6	檐口、勒脚、女儿墙外角及比较潮湿处
水泥∶砂	1∶3～1∶2∶5	浴室、潮湿车间等墙裙、勒脚或地面基层
水泥∶砂	1∶2～1∶1.5	地面、顶棚或墙面面层
水泥∶砂	1∶0.5～1∶1	混凝土地面随时压光
石灰膏∶麻筋	100∶2.5（重量比）	木板条顶棚底层
石灰膏∶麻筋	100∶1.3（重量比）	木板条顶棚面层
石灰膏∶纸筋	100∶3.8（重量比）	墙面或顶棚面层

四、抹灰机具

（一）常用手工工具

1. 抹子

有铁抹子、钢皮抹子、压子、铁皮、塑料抹子、木抹子、阴角抹子、圆阴角抹子、阳角抹子等，如图 2-2 所示。

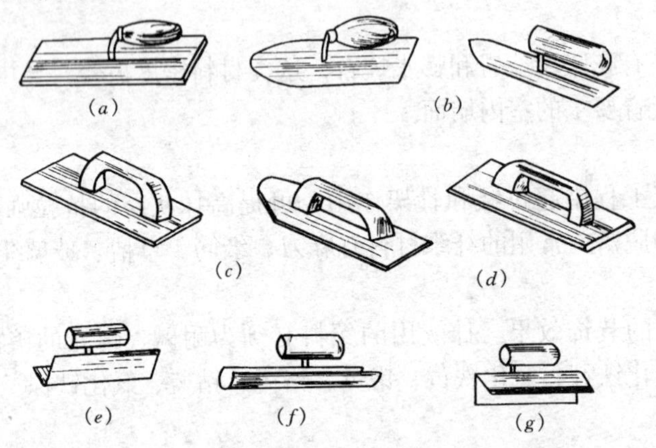

图 2-2　抹子

（a）铁抹子（方头、圆头）；（b）压子；（c）塑料抹子（方头、圆头）；（d）木抹子；（e）阴角抹子；（f）圆阴角抹子；（g）阳角抹子

2. 木制工具

有托灰板、木杠、软刮尺、八字靠尺、靠尺板、钢筋卡子、方尺、托线板、分格条、木水平尺、阴角器、钢卷尺等。

3. 其他工具

有长毛刷、钢丝刷、茅草帚、小水桶、喷壶、水壶、粉线包、墨斗、条形模具、斩假石专用工具等。

（二）常用机械设备

（1）砂浆搅拌机：搅拌砂浆用，常用规格有200L和325L两种。

（2）纸筋灰搅拌机：用于搅拌纸筋石灰膏或其他纤维石灰膏。

（3）粉碎淋灰机：用于淋制抹灰砂浆用的石灰膏。

五、基层处理

抹灰工程施工，必须在结构工程或基层质量检验合格并进行工序交接后进行，并应检查各类预埋管线、预埋铁件、门窗等配合工种项目的质量。抹灰前，应根据实际情况对基层表面进行必要的处理。

（1）墙上的脚手眼、管道穿越的墙洞、楼板洞须用1:3水泥砂浆填嵌密实或堵砌好。

（2）门窗框与墙体连接处的缝隙应用水泥砂浆或水泥混合砂浆分层嵌塞密实。

（3）基体表面的灰尘、污垢和油渍应清除干净，并洒水湿润，以确保抹灰砂浆与基体表面牢固地粘结，避免抹灰层空鼓、开裂和脱落。

（4）混凝土墙、混凝土梁、砖墙或加气混凝土墙等基体表面的凸凹处，要剔平或用1:3的水泥砂浆分层补齐，模板铁线应剔除平整。

（5）预制混凝土楼板顶棚，在抹灰前需用1:0.3:3的水泥石灰砂浆将板缝勾实。

（6）平整光滑的混凝土表面，如设计无要求时，可不抹灰，用刮腻子处理。如须抹灰时可先凿毛或刷一道1:3.3:1（108胶:水:水泥）108胶水泥浆，紧接着抹1:1水泥砂浆（厚度不超过3mm），并用扫帚刷扫，使表面麻糙，经24h后，再抹灰。

（7）水泥砂浆面层不得涂抹在石灰砂浆层上，底层应用水泥砂浆以保证结合良好。罩面石膏灰不得涂抹在水泥砂浆层上，一般应抹在麻刀石灰层上。

（8）内墙采用纸筋灰、麻刀灰等罩面时，为避免风干过快，要将外门窗封闭，加强养护。

第二节　一　般　抹　灰

一般抹灰的施工主要包括内墙、外墙和顶棚的抹灰。在装饰工程中，由于中层表面常用其他饰面材料来装饰，因此一般抹灰大多做至中层（找平层）即可。

一、内墙抹灰

（一）找规矩

要保证墙面抹灰垂直平整，达到装饰目的，抹灰前必须先找规矩。

1. 做标志块（做灰饼）

先用托线板全面检查墙体表面的垂直平整程度，根据检查的实际情况并兼顾抹灰的平均总厚度的规定，决定墙面抹灰厚度，最薄处一般不小于7mm。接着在2m左右高度，离墙两阴角10～20cm处，用底层抹灰砂浆各做一个标准标志块（灰饼），厚度为抹灰层（底层+中层）厚度，大小5cm左右见方。然后以这两个标志块为依据，用托线板做出墙下部的两个标志块，其位置在踢脚板上方200～250mm处，使上下两个标志块在一条垂直线上。最后在标志块附近墙面钉上钉子，拴上小线拉水平通线，按间距1.2～1.5m左右，加做若干中间标志块，见图2-3。

2. 标筋（冲筋）

在灰饼达到一定强度后，在墙面上浇水湿润，做标筋。标筋是以灰饼为依据，在上下

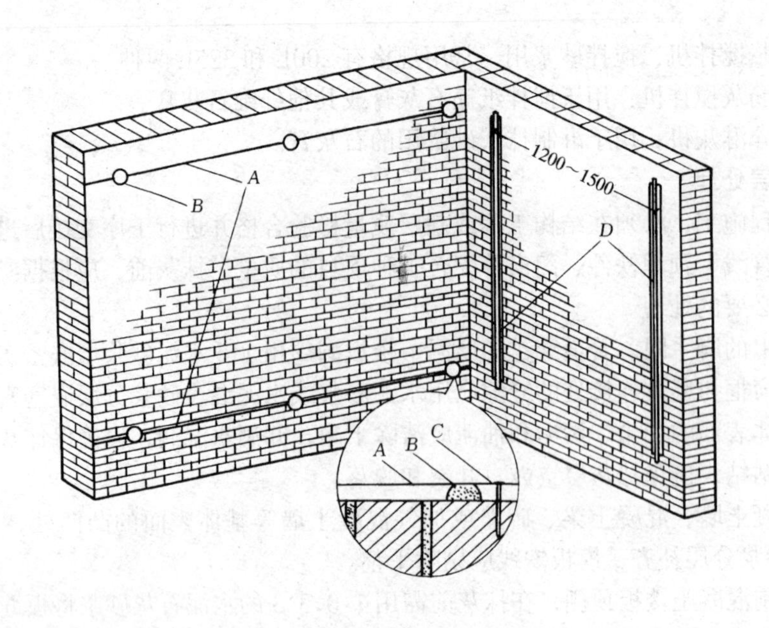

图 2-3 挂线做标志块及标筋
A—水平通线；B—灰饼（标志块）；C—钉子；D—冲筋

灰饼之间，做成与灰饼同宽，并在同一垂直线上的一条标志抹灰。为保证其与灰饼面平齐，用木杠两端紧贴标志左上右下搓动，直至把标筋搓得与标志相平为止。一次搓不平，可补灰，直到搓平为止。

3. 阴阳角找方

普通抹灰要求阳角找方。对于除门窗口外，还有阳角的房间，则首先要将房间大致规方。方法是先在阳角一侧墙做基线。用方尺将阳角先规方，然后在墙角弹出抹灰准线，并在准线上下两端挂通线做标志块。高级抹灰要求阴阳角都要找方，阴阳角两边都要弹基线，为了便于做角和保证阴阳角方正垂直，必须在阴阳角两边都要做标志和标筋。

4. 门窗洞口做护角

室内墙面、柱面的阳角和门洞口的阳角抹灰要求线条清晰、挺直，并防止碰坏。因此，不论设计有无规定，都需要做护角。护角做好后，也起到标筋作用。护角应抹 1:2 水泥砂浆，一般高度不应低于 2m，每侧宽度不小于 50mm。窗洞口一般虽不要求做护角，但同样也要方正一致，棱角分明，平整光滑。

（二）抹底层及中层灰

在标筋有一定强度后，即可抹底层灰。抹灰前应将基层表面清理干净，并提前一天浇水湿润。底层砂浆的厚度为冲筋厚度的 2/3，用铁抹子将砂浆抹上墙并压实。用木抹子搓平搓毛，达到表面平整，角部方正。

待底层灰六、七成干时（手按不软，但有指印），进行中层抹灰，厚度略高于标筋。然后用中、短木杠按标筋刮平。凹陷处补抹砂浆，然后再刮，直到平直为止。再用木抹子搓磨一遍，使表面平整密实。

如果后做地面、墙裙或踢脚板时，要将墙裙、踢脚板准线上口 5cm 处的砂浆切成直茬。墙面要清理干净，并及时清除落地灰。

（三）抹面层灰（罩面）

在中层抹灰六、七成干时即可进行面层抹灰。一般内墙面层抹灰常用纸筋石灰、麻刀石灰、石灰砂浆及刮大白腻子等。

1. 纸筋石灰面层抹灰

先用铁抹子将灰浆均匀刮在墙面上，然后再赶平压实，待稍干后，用铁抹子将面层压实压光。注意掌握好压光时间，过干了石灰膏已有一定硬度不易压平，且易出现裂纹，过湿了则很难消除抹痕。施工时通常两人合作，一人抹灰，一人赶平、压光。抹灰厚度为2mm。

2. 石灰砂浆、混合砂浆面层抹灰

先在墙面上用铁抹子抹砂浆，再用刮尺刮平，然后再进行抹平，石灰砂浆用铁抹子直接抹平即可。混合砂浆在刮尺刮平后，用木抹子先搓平，再用铁抹子进行抹平。

（四）常用的内墙抹灰分层做法，见表2-5。

常用的内墙抹灰分层做法（示例） **表2-5**

名　称	适用范围	项次	分层做法（配合比为体积比）	厚度（mm）
石灰砂浆抹灰	砖墙基层	1	1. 1:2.5石灰砂浆抹底层 2. 1:2.5石灰砂浆抹中层 3. 石灰膏罩面	7～9 7～9 1
		2	1. 1:3石灰砂浆抹底层 2. 1:3石灰砂浆抹中层 3. 待中层稍干后，用1:1石灰砂浆随抹随搓平压光	7 6 6
水泥石灰砂浆抹灰	砖墙基层	3	1. 1:1:6水泥石灰砂浆抹底层 2. 1:1:6水泥石灰砂浆抹中层 3. 石灰膏罩面	7～9 7～9 1
		4	1. 1:0.3:3水泥石灰砂浆抹底层 2. 1:0.3:3水泥石灰砂浆抹中层 3. 1:0.3:3水泥石灰砂浆罩面	7 7 5
水泥砂浆抹灰	混凝土、石墙基层	5	1. 1:3水泥砂浆抹底层 2. 1:3水泥砂浆抹中层 3. 1:2.5或1:2水泥砂浆罩面	5～7 5～7 5
		6	1. 1:2.5水泥砂浆抹底层 2. 1:2.5水泥砂浆抹中层 3. 1:2水泥砂浆罩面	5～7 5～7 5

二、顶棚抹灰

顶棚抹灰的主要工艺流程为：基层处理→弹线→湿润→抹底层灰→抹中层灰→抹罩面灰。

（一）找规矩

顶棚抹灰通常不做标志块和标筋，用目测的方法控制其平整度，以无明显高低不平及接搓痕迹为准。先根据顶棚的水平面，确定抹灰的厚度，然后在墙面的四周与顶棚交接处下方弹出水平线，作为抹灰的水平标准。

（二）抹底层及中层灰

一般底层砂浆采用配合比为水泥∶石灰膏∶砂＝1∶0.5∶1的水泥混合砂浆，抹灰厚度为2mm。底层抹后（在常温下12h后）就抹中层砂浆，其配合比一般采用水泥∶石灰膏∶砂＝1∶3∶9的水泥混合砂浆，抹灰厚度6mm左右，分层压实。抹后用软刮尺刮平赶匀，再用木抹子搓平，低洼处当即找平，顶棚管道周围用小工具顺平。

抹灰的顺序一般是由前往后退，并注意其方向必须同基体的缝隙成垂直方向。这样，容易使砂浆挤入缝隙牢固结合。

抹灰时，厚薄应掌握适度，随后用软刮尺赶平。如果平整度欠佳，应再补抹和赶平，不宜多次修补，否则容易搅动底灰而引起掉灰。如底层砂浆吸水快，应及时洒水，以保证与底层粘结牢固。

在顶棚与墙面的交接处，一般是在墙面抹灰完成后再补做，也可在抹顶棚时，先将距顶棚20～30cm的墙面同时完成抹灰，方法是用铁抹子在墙面与顶棚交角处添上砂浆，然后用木阴角器抽平压直即可。

（三）抹面层灰

待中层抹灰达到六、七成干，即进行面层抹灰。其抹灰方法与内墙抹灰相同。

（四）常用的顶棚抹灰分层做法，见表2-6。

常用的顶棚抹灰分层做法（示例） **表2-6**

基层名称	项次	分层做法（配合比为体积比）	厚度（mm）
现浇混凝土楼板	1	1. 1∶0.5∶1水泥石灰砂浆抹底层 2. 1∶3∶9水泥石灰砂浆抹中层 3. 纸筋石灰或麻刀石灰抹面层	2 6 2或3
	2	1. 1∶0.2∶4水泥纸筋砂浆抹底层 2. 1∶0.2∶4水泥纸筋砂浆抹中层 3. 纸筋石灰罩面	2～3 10 2
预制混凝土楼板	3	1. 1∶0.5∶4水泥石灰砂浆抹底层 2. 1∶0.5∶4水泥石灰砂浆抹中层 3. 纸筋石灰罩面	4 4 2
	4	1. 1∶1∶6水泥纸筋砂浆抹底层 2. 1∶1∶6水泥纸筋砂浆抹中层 3. 1∶1∶6水泥细纸筋灰罩面压光	4 3 5
钢板网	5	1. 1∶0.2∶2石灰水泥砂浆（略掺麻刀）抹底层，灰浆要挤入网眼中。挂麻丁，将小束麻丝每隔30cm左右挂在钢板网网眼上，两端纤维垂下，长25cm 2. 1∶2石灰砂浆抹中层，分两遍成活，每遍将悬挂的麻丁向四周散开1/2，抹入灰浆中 3. 纸筋灰罩面	3 3 2

三、外墙抹灰

（一）找规矩

外墙面抹灰与内墙抹灰一样要挂线做标志块、标筋。但因外墙面由檐口到地面，抹灰面大，门窗、明柱、腰线等都要横平竖直，而抹灰操作则必须一步架一步架往下抹。因此，外墙抹灰找规矩要先在四角自上而下挂好垂直通线（多层及高层房屋应用钢丝线垂下），然后根据大致决定的抹灰厚度，每步架大角两侧最好弹上控制线，再拉水平通线，并弹水平线做标志块，竖向每步架做一个标志块，然后做标筋。

（二）抹底层及中层灰

抹底层及中层灰，方法同内墙抹灰。

（三）粘贴分格条

为增加墙面的美观，避免罩面砂浆收缩后产生裂缝，一般均需粘分格条，设分格线。在中层灰六、七分干后，按已弹好的水平线和分格尺寸用墨斗或粉线包弹出分格线，竖向分格线用线锤或经纬仪校正垂直，横向要以水平线为依据校正其水平。水平分格条一般贴在水平线下边，竖向分格条一般贴在垂直线的左侧。分格条（木条）在使用前要用水泡透，这样既便于粘贴又能防止分格条在使用时变形；另外，分格条因本身水分蒸发而收缩有利于最终的起出，又能使分格条两侧的灰口整齐。粘贴时，分格条两侧用黏稠水泥浆或水泥砂浆抹成与墙面成八字形。分格条要求横平竖直，接头平直，四周交接严密，不得有错缝或扭曲现象，厚度与面层灰齐。

（四）抹面层灰

抹面层时先用1:2.5水泥砂浆薄薄刮一遍，再抹第二遍，与分格条抹齐平。然后按分格条厚度刮平、搓实、压光，再用刷子蘸水按同一方向轻刷一遍，以达到颜色一致，并清刷分格条上的砂浆，以免起条时损坏墙面。起出分格条后随即用水泥浆把缝勾齐。分格缝宽窄和深浅应均匀一致。抹灰完成24h后要注意养护，宜淋水养护7d以上。

另外，外墙面抹灰，在窗台、窗楣、雨篷、阳台、檐口等部位应做流水坡度。设计无要求时，可做10%的泛水，下面应做滴水线或滴水槽，滴水槽的宽度和深度均不小于10mm。要求楞角整齐，光滑平整，起到挡水作用。

室外抹灰不宜在雨天施工，如遇雨天，抹灰后应采取防雨措施，避免抹灰面被雨水冲刷。夏季抹灰应避免在日光曝晒下进行。

（五）外墙抹灰分层做法

1. 抹水泥混合砂浆

外墙的抹灰层要求有一定的防水性能，一般采用1:1:6水泥石灰砂浆打底和罩面，或打底用1:1:6，罩面用1:0.5:4。

2. 抹水泥砂浆

外墙抹水泥砂浆一般采用1:3水泥砂浆打底和罩面。

第三节 装 饰 抹 灰

装饰抹灰与一般抹灰相比，面层的作法不同，它具有质感丰富，颜色多样，艺术效果鲜明的优点。根据罩面材料的不同，装饰抹灰可分为砂浆类装饰抹灰、石粒类装饰抹灰两类。

一、砂浆类装饰抹灰

砂浆类装饰抹灰主要有拉条灰、假面砖等，现在已用得较少。

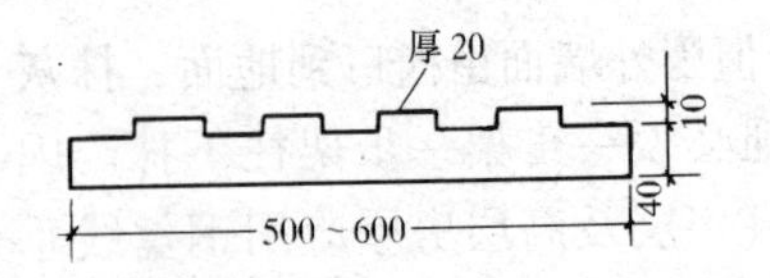

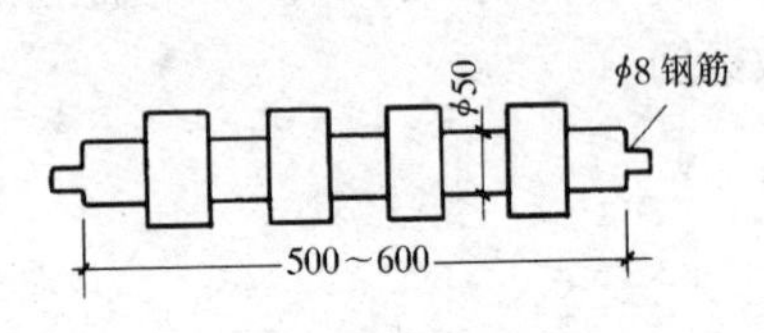

图 2-4　条形模具

1．拉条灰

拉条灰是在水泥混合砂浆中层上，抹上纸筋混合砂浆面层，然后用专用模具（见图 2-4）把面层做出竖线条的装饰抹灰做法。利用条形模具上下拉动，使墙面抹灰呈规则的细条、粗条、半圆条、波形条、梯形条和长方形条等。它具有美观大方、不易积灰、成本低等优点，适用于内墙抹灰。

抹面层砂浆前，先弹出垂直线，用素水泥浆粘贴木轨道。然后浇水湿润基层，分两遍抹上混合砂浆，配合比为水泥∶砂∶细纸筋石灰＝1∶2∶0.5，厚度为 10～12mm。最后用拉条灰模具靠在木轨道上自上而下多次拉动成型，模具拉动时，不管墙面高度如何，在同一操作层都应一次完成，成活后的灰条应上下顺直，表面光滑、灰层密实，无明显接槎。

2．假面砖

假面砖是用彩色砂浆抹成相当于外墙面砖分块形式与质感的装饰抹灰面。假面砖抹灰用的彩色砂浆，一般按设计要求的色调调配数种，并先做出样板，确定标准配合比，控制颜料的掺量。一般配成土黄、淡黄或咖啡等颜色。

抹面层砂浆前，浇水湿润水泥砂浆基层，弹水平线，以便控制面层划沟平直度，然后抹 1∶1 水泥砂浆垫层，厚度 3mm。接着抹面层彩色砂浆 3～4mm 厚。面层稍收水后，用铁梳子或铁皮刨子沿靠尺板由上向下划纹，深度不超过 1mm。然后根据面砖的宽度用铁钩子或铁皮刨子沿靠尺板横向划沟，深度以露出垫层灰为准，划好横沟后将飞边砂粒扫净，见图 2-5。

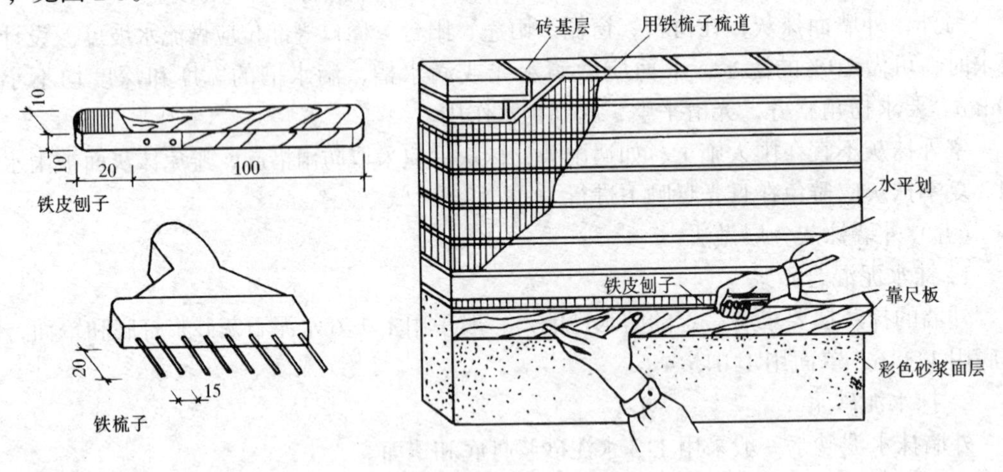

图 2-5　假面砖使用工具及操作示意

操作时，关键是要按面砖尺寸分格划线后再划沟。划沟要水平成线，沟的间距、深浅要一致。竖向划纹也须垂直成线，深浅一致，水平接缝要平直。

二、石粒类装饰抹灰

石粒类装饰抹灰主要用于外墙，它是将以水泥为胶凝材料、石粒为骨料的水泥石粒浆抹于墙体的基层表面，然后用水洗、斧剁等手段除去表面水泥浆，露出石粒的颜色、质感的抹灰做法。常用的石粒类装饰抹有水刷石、干粘石、斩假石、彩色瓷粒饰面以及机喷石等。

石粒类装饰抹灰与砂浆类装饰抹灰的主要区别在于：石粒类装饰抹灰主要靠石粒的颜色、颗粒形状来达到装饰目的，而砂浆类装饰抹灰则主要靠掺入颜料，以及砂浆本身所能形成的质感来达到装饰的目的。与石粒相比，水泥等材料的装饰质量及耐污染性均比较差，而且多数石材的耐光性能比颜料好，所以石粒类饰面的色泽比较明亮，质感相对地更为丰富，并且不易褪色，不易污染，但是工效较低，造价较高。

石粒类装饰抹灰的分层做法，见表2-7。

石粒类装饰抹灰的分层做法　　　　表2-7

种类	基层	分层做法（体积比）	厚度（mm）
水刷石	砖墙基层	①1:3水泥砂浆抹底层 ②1:3水泥砂浆抹中层 ③刮水灰比为0.37～0.40水泥浆一遍为结合层 ④水泥石粒浆或水泥石灰膏石粒浆面层（按使用石粒大小）： *a*.1:1水泥大八厘石粒浆（或1:0.5:1.3水泥石灰膏石粒浆）； *b*.1:1.25水泥中八厘石粒浆（或1:0.5:1.5水泥石灰膏石粒浆）； *c*.1:1.5水泥小八厘石粒浆（或1:0.5:2.0水泥石灰膏石粒浆）	5～7 5～7 20 15 10
	混凝土墙基层	①刮水灰比为0.37～0.40水泥浆或洒水泥砂浆 ②1:0.5:3水泥石灰砂浆抹底层 ③1:3水泥砂浆抹中层 ④刮水灰比0.37～0.40水泥浆一遍为结合层 ⑤水泥石粒浆或水泥石灰膏石粒浆面层（按使用石粒大小）： *a*.1:1水泥大八厘石粒浆（或1:0.5:1.3水泥石灰膏石粒浆）； *b*.1:1.25水泥中八厘石粒浆（或1:0.5:1.5水泥石灰膏石粒浆）； *c*.1:1.5水泥小八厘石粒浆（或1:0.5:2.0水泥石灰膏石粒浆）	0～7 5～6 20 15 10
干粘石	砖墙基层	①1:3水泥砂浆抹底层 ②1:3水泥砂浆抹中层 ③刷水灰比为0.40～0.50水泥浆一遍为结合层 ④抹水泥:石灰膏:砂子:108胶＝100:50:200:5～15聚合物水泥砂浆粘结层 ⑤小八厘彩色石粒或中八厘彩色石粒	5～7 5～7 4～5 （5～6，当采用中八厘石粒时）
	混凝土墙基层	①刮水灰比为0.37～0.40水泥浆或洒水泥砂浆 ②1:0.5:3水泥混合砂浆抹底层 ③1:3水泥砂浆抹中层 ④刷水灰比为0.40～0.50水泥浆一遍为结合层 ⑤抹水泥:石灰膏:砂子:108胶＝100:50:200:5～15聚合物水泥砂浆粘结层 ⑥小八厘彩色石粒或中八厘彩色石粒	3～7 5～6 4～5 （5～6，当采用中八厘石粒时）

续表

种类	基层	分层做法(体积比)	厚度(mm)
机喷石	砖墙基层	①②③同干粘石(砖墙) ④抹水泥:石灰膏:砂子:108胶=100:50:200:5~15聚合物水泥砂浆粘结层 ⑤机械喷粘小八厘石粒、米粒石	(5~5.5,小八厘石粒)、(2.5~3,米粒石)
	混凝土墙基层	①②③④同干粘石(砖墙) ⑤抹水泥:石灰膏:砂子:108胶=100:50:200:5~15聚合物水泥砂浆粘结层 ⑥机械喷粘小八厘石粒、米粒石	(5~5.5,小八厘石粒)、(2.5~3,米粒石)
斩假石	砖墙基层	①1:3水泥砂浆抹底层 ②1:2水泥砂浆抹中层 ③刮水灰比为0.37~0.40水泥浆一遍 ④1:1.25水泥石粒(中八厘中掺30%石屑)浆	5~7 5~7 10~11
	混凝土墙基层	①刮水灰比为0.37~0.40的水泥浆或洒水泥砂浆 ②1:0.5:3水泥石灰砂浆抹底层 ③1:2水泥砂浆抹中层 ④刮水灰比为0.37~0.40的水泥浆一遍 ⑤1:1.25水泥石粒(中八厘中掺30%石屑)浆	 0~7 5~7 10~11
彩色瓷粒饰面		①1:3水泥砂浆打底 ②刮素水泥浆一遍 ③抹白水泥:细砂:108胶=1:2:0.1(重量比)聚合物水泥砂浆粘结层 ④彩色瓷粒	5~7 3

1. 水刷石

水刷石是一种传统的外墙装饰工艺。其特点是具有石粒饰面的朴实的质感效果，如果再结合适当的艺术处理，如分格、分色、线条凸凹等，易于使饰面获得自然美观、明快庄重、秀丽淡雅的艺术效果，而且使用寿命较长，造价不算很高。但是，由于水刷石湿作业多、操作费工、劳动繁重、浪费材料、污染环境，目前已逐渐被干粘石、机喷石等装饰工艺所取代。

水刷石的工艺流程为：抹灰中层验收→弹线、粘贴分格条→抹面层石粒浆→刷洗面层→起分格条及浇水养护。

水刷石的基层处理和底层抹灰、中层抹灰的操作方法和一般抹灰相同。中层抹后表面要划毛，按设计要求弹线分格，用素水泥浆将浸过水的小木条(高×宽=6mm×15mm)，临时固定在分格线上。将中层浇水湿润，并刮抹一层水灰比为0.37~0.40的素水泥浆一道，随即抹面层石粒浆，石粒浆稠度为50~70mm。石粒应颗粒均匀、坚硬，色泽一致、洁净。抹面层时，应一次成活，随抹随用铁抹子压紧、搓平，但不要把石粒压得过死。每一块方格应自下而上进行，抹完一块后，用直尺检查其平整度，不平处应及时修补并压实平整。同一平面的面层要求一次完成，不宜留施工缝；如必须留施工缝，应留在分格条的位置上。

待面层六、七成干后，即可刷洗面层。刷洗是确保水刷石质量的重要环节之一，如刷洗不净会使水刷石表面颜色发暗或明暗不一致而影响美观。刷洗分两遍进行，第一遍先用软毛刷蘸水刷掉面层水泥浆，露出石粒；第二遍紧跟用手压喷浆机（采用大八厘或中八厘石粒浆时）或喷雾器（采用小八厘石粒浆时）将四周相邻部位喷湿，然后按由上往下的顺序喷水，将面层表面及石粒间的水泥浆冲出，使石粒露出表面1/2粒径，达到清晰可见、均匀密布。然后用清水从上往下全部冲净。

喷刷后，随即起出分格条，并用素水泥浆将缝修补平直。

2. 干粘石

干粘石是将彩色石粒直接粘在砂浆层上的一种装饰抹灰做法。这种做法与水刷石相比，既可节约水泥、石粒等原材料，减少湿作业，又能明显提高工效，操作简单、造价较低，因而对于一般要求装饰的建筑可以推广采用。干粘石的适用范围与水刷石相同，但由于容易积灰，故不宜用于建筑物底层。

干粘石的工艺流程为：中层抹灰验收→弹线、粘贴分格条→抹粘结层砂浆→撒石粒、压平→起分格条并修整。

（1）抹粘结层砂浆。待中层抹灰六、七成干后，弹线，粘分格条，然后洒水湿润，刷素水泥浆一道，接着抹水泥砂浆粘结层。粘结层稠度以60～80mm为宜。粘结层施工后用刮尺刮平，要求表面平整、垂直，阴阳角方正。

（2）撒石粒、拍平。粘结层抹完后，待干湿情况适宜时即可用手甩石粒。一手拿撒石板，内盛洗净晾干的石粒，一手拿木拍。用拍子铲起石粒，并使石粒均匀分布在拍子上，然后反手往墙上甩。甩射面要大，用力要平稳有劲，使石粒均匀地嵌入粘结层砂浆中。普遍撒好一遍后，个别地方石子密度不够，可轻轻的补撒，用力不可过猛。最后进行"压、拍、滚"工艺。"压"就是用铁抹子在撒好的石面上轻轻地压一遍，把石子初步稳平一下，切勿把灰浆挤出来；"拍"是把石子拍平，将石子拍进灰浆里；"滚"是用橡胶辊或木制辊进行滚压，消除由于拍可能出现的抹子印，用力要轻、要均匀，通过滚压使表面更加平整、光滑。

（3）修整。当墙面达到表面平整、石粒饱满时，即可起出分格条。对局部有石粒下坠、不均匀、外露尖角太多或表面不平整等不符合质量要求的地方要立即修整、拍平，分格条处应用水泥浆修补，以求表面平整、色泽均匀、线条顺直清晰。

3. 机喷石

干粘石人工甩石粒，劳动强度大、效率低。而采用"机喷石"，即用压缩空气带动喷斗喷射石粒代替手工甩石粒，则使部分工序实现了机械操作，提高了工效，减轻了劳动强度，石粒也粘得更牢固。

机喷石通常采用粒径3～5mm的石粒，其工艺流程为：基层处理→浇水湿墙→分格弹线→刮素水泥浆粘布条（分格条）→涂抹粘结层砂浆→喷石→滚压→揭布条→修理。

粘结层砂浆通常采用水泥:砂:108胶=100:50:10～15的聚合物水泥砂浆或水泥:石灰膏:砂子:108胶=100:50:200:5～15的聚合物水泥混合砂浆，砂浆中最好掺入水泥用量0.3%的木质素磺酸钙，砂浆厚度4～5mm。抹好的砂浆应不留抹子痕迹。

粘结砂浆抹完一个区格后，即可喷射石粒，一人手持喷枪，一人不断向喷枪的漏斗装石粒，先喷边角，后喷大面。喷大面时应自下而上，以免砂浆流坠，喷枪应垂直于墙面，喷嘴距墙面约15～25cm。喷完石粒，待砂浆刚收水时，用橡胶辊从上往下轻轻滚压一遍。滚压完，即可揭掉布条，然后修理分格缝两边的飞粒，随手勾好分格缝。

4. 斩假石

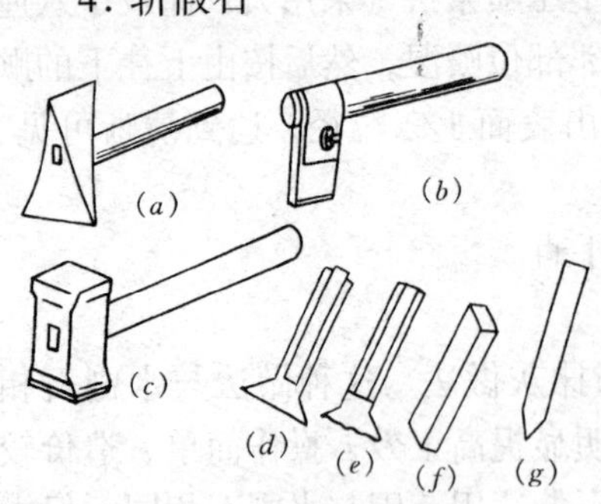

图 2-6 斩假石专用工具

(*a*) 斩斧；(*b*) 多刃斧；(*c*) 花锤；(*d*) 扁凿；(*e*) 齿凿；(*f*) 弧口凿；(*g*) 尖锥

斩假石，又称"剁斧石"，是用水泥、石粒和颜料拌制成石子浆，抹在建筑物或构件表面，待其硬化后用斩斧、凿子等工具（见图2-6）剁成像天然石那样有规律的石纹的一种人造石料。斩假石饰面也是一种传统的装饰工艺，装饰效果较好，给人以朴实、自然、素雅、庄重的感觉，但费工费力，劳动强度大，施工工效低，造价较高。

斩假石的工艺流程为：抹底层、中层灰→弹线、粘贴分格条→抹面层水泥石粒浆→斩剁面层。

斩假石的中层抹灰用1∶2水泥砂浆，面层使用1∶1.25的水泥石粒浆。石子的粒径一般较小，宜采用石屑（粒径0.5～1.5mm），也可采用粒径为2mm的白色米粒石，内掺30%粒径0.15～1mm的石屑。

(1) 面层抹灰。面层石粒浆一般分两遍成活，厚度不宜过大，一般为10～11mm。先薄薄地抹一层砂浆，待稍收水后再抹一遍砂浆与分格条平，并用刮子赶平。待第二层收水后，再用木抹子打磨拍实，上下顺势溜直，不得有砂眼、空隙，并要求同一分格区内的水泥石粒浆必须一次抹完。石粒浆抹完后，即用软毛刷蘸水顺纹清扫一遍，刷去表面浮浆至露石均匀。完成后不得受烈日曝晒或遭冰冻，24h后应洒水养护。

(2) 斩剁面层。在常温下，面层抹好2～3d后，即可试剁。试剁以墙面石粒不掉，容易剁痕、声音清脆为准。斩剁顺序一般遵循"先上后下，先左后右，先剁转角和四周边缘，后剁中间墙面"的原则。转角和四周应剁水平纹、中间剁垂直纹，先轻剁一遍，再盖着前一遍的剁纹剁深痕。剁纹深浅要一致，深度一般以不超过石粒粒径的1/3为宜。墙角、柱边的斩剁宜用锐利的小斧轻剁，以防掉边缺角。斩剁完成后，墙面应用水冲刷干净，并按要求修补分格缝。

5. 彩色瓷粒饰面

彩色瓷粒是以石英、长石和瓷土为主要原料经烧制而成的陶瓷小颗粒，粒径为1.2～3mm，颜色多样。天然石粒的颜色虽然不少，但多数不够鲜艳，而且存在深浅不一的现象，从品种上来说，颜色的选择范围也毕竟有限。而彩色瓷粒饰面具有大气稳定性好、颜色比较鲜艳而且耐久，色谱较宽、色泽较均匀、颗粒小、表面瓷粒均匀、露出粘结砂浆较少、整个饰面厚度薄、自重轻等优点。

彩色瓷粒饰面的工艺流程为：抹底层灰→弹线、粘贴分格条→刮素水泥浆结合层→抹聚合物水泥砂浆粘结层→撒瓷粒、压平→起分格条、表面处理。

其操作方法与干粘石基本相同。表面处理可采用喷涂方法，先配制聚乙烯醇缩丁醛、聚甲基乙氧基硅氧烷酒精溶液，使用前24h内将两者混合，溶液在喷涂后数小时酒精挥发，墙表面即成膜。

由于水泥的装饰质量、色彩稳定性均不及石粒，石粒类装饰抹灰在材料配合比确定、工艺方法选择上，都应注意尽可能使石粒在面层上密集，使石子外露增多，而减少水泥外露的比例，这样才能取得较好的装饰效果，保证其装饰质量。

第四节　抹灰工程质量标准和检验方法

一、一般抹灰工程的质量标准和检验方法

(1) 一般抹灰工程的表面质量应符合下列规定：

1) 普通抹灰表面应光滑、洁净、接槎平整，分格缝应清晰；

2) 高级抹灰表面应光滑、洁净、颜色均匀，无抹纹，分格缝和灰线应清晰美观。检验方法：观察；手摸检查。

(2) 护角、孔洞、槽、盒周围的抹灰表面应整齐、光滑；管道后面的抹灰表面应平整。

检验方法：观察。

(3) 抹灰分格条（缝）的设置应符合设计要求，宽度和深度应均匀，表面应光滑，棱角应整齐，横平竖直。

检验方法：观察；尺量检查。

(4) 有排水要求的部位应做滴水线（槽）。滴水线（槽）应整齐顺直，滴水线应内高外低，滴水槽的宽度和深度均不应小于10mm。

检验方法：观察；尺量检查。

(5) 一般抹灰工程质量的允许偏差和检验方法应符合表2-8的规定。

一般抹灰的允许偏差和检验方法　　**表2-8**

项次	项　目	允许偏差（mm）		检 验 方 法
		普通抹灰	高级抹灰	
1	立面垂直度	4	3	用2m垂直检测尺检查
2	表面平整度	4	3	用2m靠尺和塞尺检查
3	阴阳角方正	4	3	用直角检测尺检查
4	分格条（缝）直线度	4	3	拉5m线，不足5m拉通线，用钢直尺检查
5	墙裙、勒脚上口直线度	4	3	拉5m线，不足5m拉通线，用钢直尺检查

注：1. 普通抹灰，本表第3项阴角方正可不检查；
2. 顶棚抹灰，本表第2项表面平整度可不检查，但应平顺。

二、装饰抹灰工程的质量标准和检验方法

(1) 装饰抹灰工程的表面质量应符合下列规定：

1) 水刷石表面应石粒清晰、分布均匀、紧密平整、色泽一致，应无掉粒和接槎痕迹；

2) 斩假石表面剁纹应均匀顺直，深浅一致，应无漏剁处；阳角处应横剁并留出宽窄一致的不剁边条，棱角应无损坏；

3) 干粘石表面应色泽一致、不露浆、不漏粘，石粒应粘结牢固、分布均匀，阳角处应无明显黑边；

4）假面砖表面应平整、沟纹清晰、留缝整齐、色泽一致，应无掉角、脱皮、起砂等缺陷。

检验方法：观察；手摸检查。

(2) 抹灰分格条（缝）的质量标准与检验方法同一般抹灰中的规定。

(3) 滴水线（槽）的质量标准与检验方法同一般抹灰中的规定。

(4) 装饰抹灰工程质量的允许偏差和检验方法应符合表 2-9 的规定。

装饰抹灰的允许偏差和检验方法　　表 2-9

项次	项目	允许偏差（mm）				检验方法
		水刷石	斩假石	干粘石	假面砖	
1	立面垂直度	5	4	5	5	用 2m 垂直检测尺检查
2	表面平整度	3	3	5	4	用 2m 靠尺和塞尺检查
3	阳角方正	3	3	4	4	用直角检测尺检查
4	分格条（缝）直线度	3	3	3	3	拉 5m 线，不足 5m 拉通线，用钢直尺检查
5	墙裙、勒脚上口直线度	3	3	~	~	拉 5m 线，不足 5m 拉通线，用钢直尺检查

思考题与习题

2-1　抹灰饰面分为几类？它由哪几层组成？

2-2　内墙抹灰的施工工艺有哪些？

2-3　外墙抹灰的施工工艺有哪些？

2-4　装饰抹灰分为几类？有哪些常见做法？

2-5　完成 3～5m^2 的内墙一般抹灰。

2-6　完成 3～5m^2 的顶棚一般抹灰。

第三章 贴面类饰面工程

贴面饰面是把各种贴面材料镶贴到基层上的一种装饰方法。贴面材料的种类很多，常用的有天然石材、人造石材、陶瓷砖等，高层建筑多用金属、玻璃饰面材料。

第一节 饰面砖镶贴施工

一、内墙瓷砖粘贴

主要介绍建筑物内厨房、厕所、浴室、卫生间等墙面陶瓷釉面砖的粘贴。所用的釉面砖都是瓷土或优质陶土经过素烧和釉烧而成的精陶墙面装饰材料。

按几何形状不同，瓷砖分为正方形、长方形、异形和配件砖等；按釉面形式不同，又分为白釉面砖、彩釉面砖、图案釉面砖和彩字专用釉面砖等。瓷砖具有表面光滑、亮洁美观、抗腐蚀性能好、吸水率低和污染后易擦洗等特点，因而在室内需要经常擦洗的墙面都采用这种瓷砖粘贴。

（一）施工准备

1. 选砖

瓷砖的种类很多，粘贴前要按设计要求挑选规格一致，边缘整齐，棱角无损坏、无裂缝夹心，表面无隐伤、缺釉、凹凸不平、翘曲变形等现象的砖。挑选时，应将尺寸和颜色深浅不均匀的釉面砖分别堆放，有严重缺陷的釉面砖要坚决剔除。对阴阳角、压顶角、阳三角、阳五角和阴三角等配件砖也要认真进行选择。

2. 浸砖

对挑选出合格的釉面砖要清扫干净，在粘贴前将其浸泡在水中，一般浸泡时间不少于2h，浸泡至釉面砖饱和为止，然后从水中取出晾干。浸泡的目的是保证粘贴后不致因釉面砖吸收粘结材料的水分而造成粘贴不牢固，影响施工质量。

3. 排砖

釉面砖的排列方式一般有通缝排列法和错缝排列法两种，如图3-1所示。

通缝排列砖的拼缝显得清晰、顺直、美观大方，但要求釉面砖的尺寸准确，平整度的精度高，否则，难以达到接缝横平竖直；错缝排列粘贴，对竖缝要求不很严格，由砖的尺寸、平整度误差所造成的缺陷容易被掩盖，但饰面层显得缝多、线乱，直观效果差。

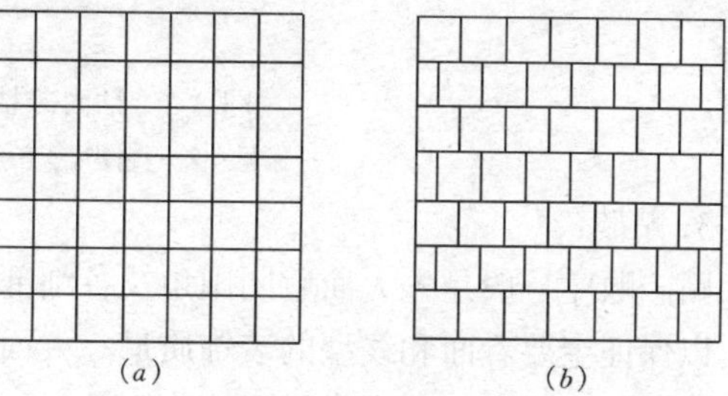

图3-1 釉面砖排列

（*a*）通缝排列；（*b*）错缝排列

4. 机具准备

粘贴釉面砖使用的机具主要有瓷砖切割机、切砖刀、细砂轮片、抹布和其他手持工具等。

（二）施工过程

1. 基层处理

认真清理基层，对凹凸不平的墙面要剔平或补平。混凝土墙面若有油污需用碱溶液清洗，然后用清水冲净，再用1∶1的聚合物水泥砂浆做成小拉毛；砖墙面经浇水湿润后，可直接抹1∶3的水泥砂浆底灰，厚度7～12mm，木杠刮平，木抹子搓平、搓毛，养护2d以后抹结合层。

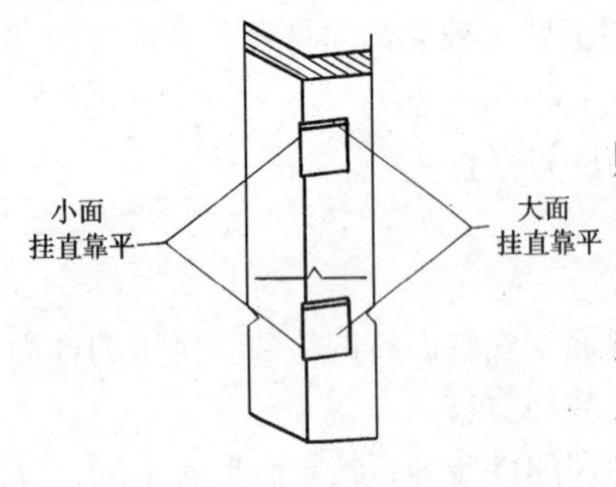

图 3-2 釉面砖阳角双面挂线

结合层可以抹1∶1.5的水泥砂浆，厚度控制在5～7mm，要求抹平整，但不要求抹光滑，作为底灰和贴砖时的过渡层。

2. 弹线、分格

从墙面的500mm线下返找出地面设计标高，再上返量出粘贴釉面砖的墙面尺寸，一般比抹灰面高出5mm即可。然后，计算出墙面粘贴釉面砖的纵横皮数，画出皮数杆，在墙面上弹出粘贴釉面砖的垂直和水平控制线。用废釉面砖做标准块，上下用托线板挂垂直，用来控制粘贴釉面砖的厚度。横向拉水平通线，每隔1.5m左右做标准块。在门洞口和阳角处应双面挂垂线，如图3-2所示。如果整个墙面贴砖，其釉面砖的粘贴高度应与顶棚的下皮标高一致，从上到下按皮数计算，非整块砖应留置到最下一层，竖向弹线应将非整块砖赶到不显眼的阴角处，如图3-3所示。

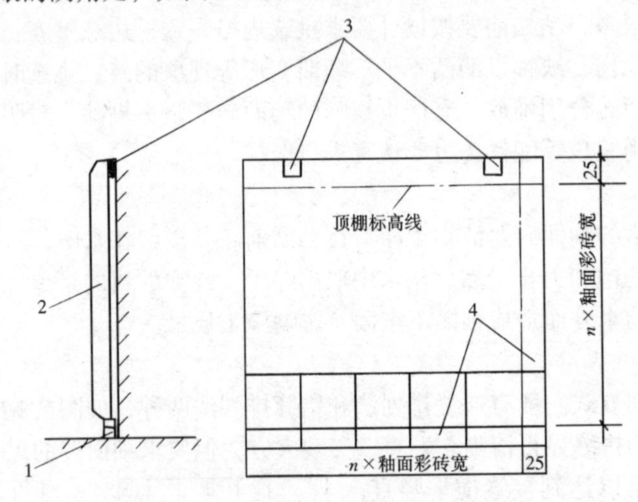

图 3-3 釉面砖粘贴弹线分格图

1—靠尺；2—直撑尺；3—标准块；4—异形砖块

3. 贴砖

贴砖顺序一般是先大面后阴阳角及各细部，对于腰线及拼花等重要局部有时应提前粘贴，以保证主要看面和线型的装饰质量。大面贴砖由下而上，依楼地面水平线嵌稳八字尺或靠尺，釉面砖下口坐在靠尺上，作为第一行砖的粘贴依据并防止砖块因自重而下滑，确保横平竖直。

贴砖所用的粘贴材料为掺有聚醋酸乙烯乳胶的水泥浆，也可用1∶1的聚合物水泥砂浆。在釉面砖的背面抹一层，厚度为2～3mm，四周刮成斜面，以弹线为标志，贴在未完成终凝的结合层上；就位后，用小木锤轻轻敲击砖面，使灰浆挤满砖的四周粘结牢固。若抹灰不满，应取下釉面砖抹满重贴，不准在砖口处用小铲塞灰，以免产生空鼓。

逐皮向上贴至最上口，若饰面上口无压条（压顶条、镶边、收口线脚）或上部无吊顶时，应采用一边圆的砖块贴成平直线。阳角的最上面的一块砖，用两边圆的釉面砖粘贴。墙面最下一皮非整砖，可在拆除靠尺之后进行补贴。

阴阳角和凹槽等贴砖难度较大的部位，既费工又耗时，可以在墙面大面积的瓷砖贴完后进行。当粘贴到管线、镜框等处时，应以管线或镜框为中心向两侧进行粘贴，具体粘贴的顺序如图3-4所示。室内的管线必须位于四块砖的十字交缝上或处于釉面砖的中心。门窗周围不准使用非整砖，分格时要以门窗为中心向两侧展开，且釉面砖的竖缝必须与设备的宽度相吻合；横缝与设备的高度一致。

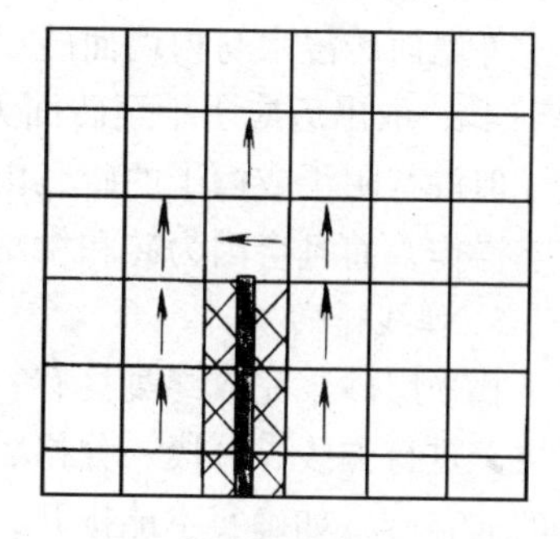
图3-4 管线、镜框处贴砖构造

边、条等配件砖的粘贴顺序是先从一侧墙面开始粘贴，再粘贴阴（阳）三角，然后再粘贴另一侧墙面的釉面砖，以确保阴（阳）三角与墙面的吻合。

擦缝：饰面层彻底清洁后，即进行封缝处理。一般釉面砖的接缝宽度不超过1mm，故擦缝是用白色硅酸盐水泥拌合成素浆，在砖面上刮一层，稍后，再用干净的湿抹布在各接缝处进行反复搓擦，直至封平缝隙为止。

二、外墙面砖镶贴

外墙面砖是一种不挂釉的高级外墙陶瓷贴面材料。外墙面砖的规格主要有75mm×100mm，75mm×152mm，100mm×100mm，152mm×152mm和400mm×400mm等，厚度一般为5mm。

（一）施工准备

1. 基层处理

镶贴面砖的基层应具有足够的刚度、强度和稳定性。基层处理的好坏是保证做好找平层和能否使贴面砖粘贴牢固的关键。

砖墙表面的处理程序是用凿子清除墙面的残灰，用钢丝刷子刷去墙面浮灰，用1∶3水泥砂浆堵满所有孔洞及大的缝隙，最后用清水湿润墙体表面，湿润深度一般为2～3mm。

混凝土墙表面的处理是只剔凿墙面凸出部分；如有凹入部分，要用1∶2或1∶3的水泥砂浆补平；墙面若有油污，要先用5%～10%的强碱水溶液去污。然后再用清水冲刷；钢丝刷配以笤帚清除墙面的残灰、浮灰，最后喷水湿润墙面。

加气混凝土砌块、陶粒混凝土空心砌块等墙体表面要先作表面清理，然后满刷一道聚醋酸乙烯水溶液，在其表面做水泥素浆拉毛或钉固直径为0.7mm，方孔为32mm×32mm的镀锌钢丝网一道，以保证找平层、贴面砖与墙体粘贴牢固。

2. 抹找平层

饰面砖镶贴在砖墙、混凝土墙体和加气混凝土墙体上，其找平层砂浆的涂抹方法与外墙抹灰的底、中层砂浆施工方法相同。

3. 选砖

外墙面砖贴墙之前要开箱按设计要求检查、测量、选砖，要求认真选出合乎标准尺寸和大于、小于标准尺寸的三种砖，规格尺寸应一致，几何形状要平整、方正，不缺棱、掉角，不开裂，无凹凸扭曲，砖的面层颜色一致，分类堆放，作出标记。同一种尺寸的砖应使用在同一层或一面墙上，以保证粘贴时接缝均匀一致，质量合格。

4. 浸砖

外墙面砖浸水与内墙面砖浸水方法相同，但外墙面砖浸水时间应隔夜，急用时也不得少于4h，取出后应阴干至砖面无水膜，一般为6h左右，以手摸无水感才准使用。因为浸透了但没有阴干或擦干的砖，由于砖表面有一层水膜，粘贴时会产生浮滑现象，这样不仅影响操作，而且会因为砖和粘结层水分的挥发造成砖与粘结层分离而自坠。

5. 弹线排砖

找平层砂浆完成终凝具有一定强度后，即可以根据面砖的规格尺寸和镶贴面积，在找平层上进行弹线、分段、分格、排砖。要求在同一墙面上饰面砖横竖排列不准出现一行以上的非整砖，如确实不能排开，非整砖只能在不醒目处。排砖时，遇有凸出管线，要用整砖套割吻合，不准用碎砖片拼凑镶贴。

6. 定标准点

为保证镶贴的质量，粘贴前用废面砖在找平层上贴几个点，然后按废面砖砖面拉线或用靠尺作为镶贴饰面砖的标准点。标准点设距以1.5mm×1.5mm或2.0mm×2.0mm为宜。贴砖时贴到废面砖处再将其敲碎即可。

(二) 面砖镶贴

粘贴面砖一般用1:1聚合物水泥砂浆，水泥的强度等级不低于32.5MPa，砂子为中细砂，施工环境不低于5℃。

镶贴顺序应自上而下分层分段进行，每段内镶贴程序自下而上进行。砖的背面要满抹砂浆，四周刮成斜面，砂浆厚度为5mm左右。然后按墙面分格条上的位置就位，用抹子轻轻扣击砖面，使之与邻面砖平。贴完一排后，须将每块面砖上的灰浆擦净。如上口不在同一直线上，应在相关砖的下口垫小木片。尽量保持一排砖的上口都在同一直线上，然后在上口放置分格条，既可控制水平缝的大小与平直，又可防止面砖向下滑动，随后就进行第二排面砖的镶贴。

竖缝的宽度与垂直度完全靠经验和目测来控制，所以，在操作中要注意随时检查。除依靠墙面的控制线外，还要常用线坠吊垂直，确保接缝垂直和宽度一致。

分格条应隔夜取出，取出后的分格条要清洗干净，以备再用。

(三) 封缝、擦洗

面砖镶贴完一个层段的墙面并经检查合格后，即可进行封缝。接缝较宽的用1:1水泥砂浆勾缝。第一次用一般水泥砂浆，第二次按设计要求用彩色水泥砂浆。勾缝多做成凹缝，凹深为3mm左右；面砖缝可用白水泥或与面砖颜色相近的彩色水泥浆涂满缝隙，再用干净的棉丝蘸着水泥浆反复擦平接缝。待封缝材料硬化后，将饰面层清洗干净。若有难于清洁的污染，可用浓度为10%的稀盐酸溶液刷洗，然后再用清水冲净。夏季施工应避开阳光曝晒，必要时应进行遮阳养护。

第二节 饰面板贴面安装

大理石和花岗岩等天然石饰面板，以及预制水磨石、合成石等人造饰面板的贴面安装施工，其小规格的板材，边长不大于400mm，厚度在12mm以内，安装高度不超过3m时，可采用粘贴方法。大规格的饰面板安装于墙、柱立面时，一般是采用钢筋网片锚固灌浆固定或是膨胀螺栓与不锈钢连接件干挂固定施工法。

一、大规格板材的锚固灌浆安装

（一）施工前准备

1. 材料准备

（1）大规格板材；

（2）水泥：强度等级32.5R或42.5R的普通水泥或矿渣水泥；

（3）砂：中、粗；

（4）矿物颜料：颜色与饰面板协调（与白水泥配合拌和擦缝用）。

2. 工具准备

手提式电动石材切割机、手电钻、瓦工工具等。

（二）基层处理

（1）将基层的浮浆、残灰、油污清理干净（油污可用10%火碱水清洗，干净后再用清水清洗）。

（2）光滑的墙面必须要进行凿毛处理，增强灌浆时砂浆与基层的粘结力。

（3）基层应在镶贴前一天浇水湿透。

（三）选材放样

板材在运输和搬运过程中会造成部分损坏，故使用前应重新挑选，将有缺陷（如缺棱、掉角、暗裂纹等）的板材挑出留作裁截或挂贴在不显眼处用。

放样是根据墙面尺寸形状，按设计尺寸、配花、颜色纹理在平地上试拼编号，一般编号由下向上编排，然后分号竖向堆放备好。

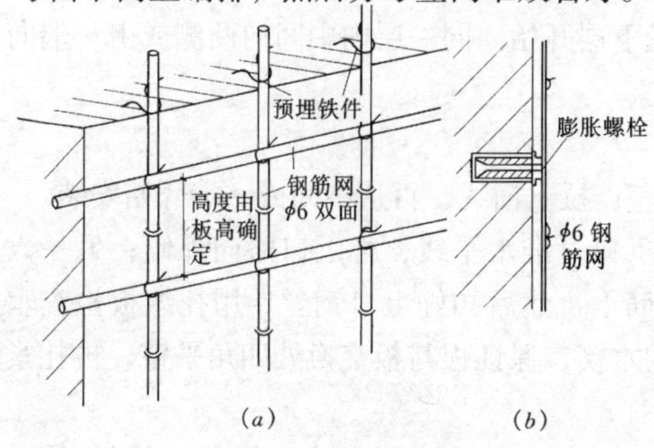

图3-5 钢筋网安装

（*a*）用预埋钢筋固定钢筋网；

（*b*）用膨胀螺栓固定钢筋网

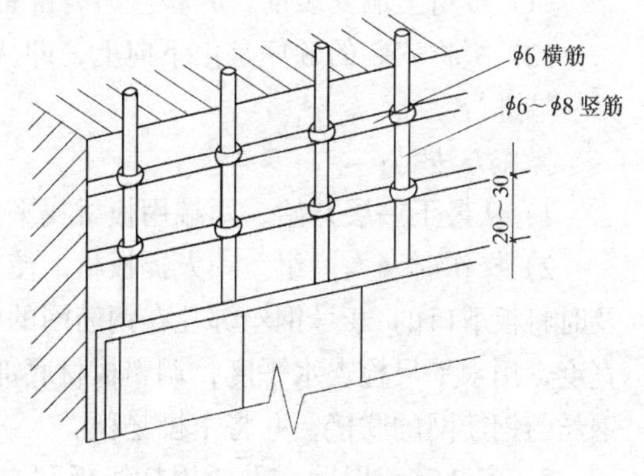

图3-6 钢筋网安装位置

（四）分格弹线

在墙面上弹出板材的水平和垂直控制墨线，在水平方向宜每排设置一度，垂直方向宜每块宽设置一度。

（五）安装钢筋网

安装钢筋网的方法：一种是在基层中预埋钢筋；另一种是在墙面打孔安装膨胀螺栓固定钢筋网，如图 3-5 所示。

注意竖向钢筋用 $\phi6$、$\phi8$。横向钢筋用 $\phi6$，位置较石板上端面高出 20～30mm，如图 3-6 所示。

（六）板材钻孔

大规格板材需钻孔绑孔固定，做法是在板的背面与上下两面之间钻斜孔或 L 型孔，如图 3-7 所示。孔打好后，在顶面孔口处向背面凿一水平槽（深 4mm），然后用细钢丝穿线。一个板材上，上下各打两个孔，两孔分别距两侧边为板宽的 1/4，如图 3-8 所示。

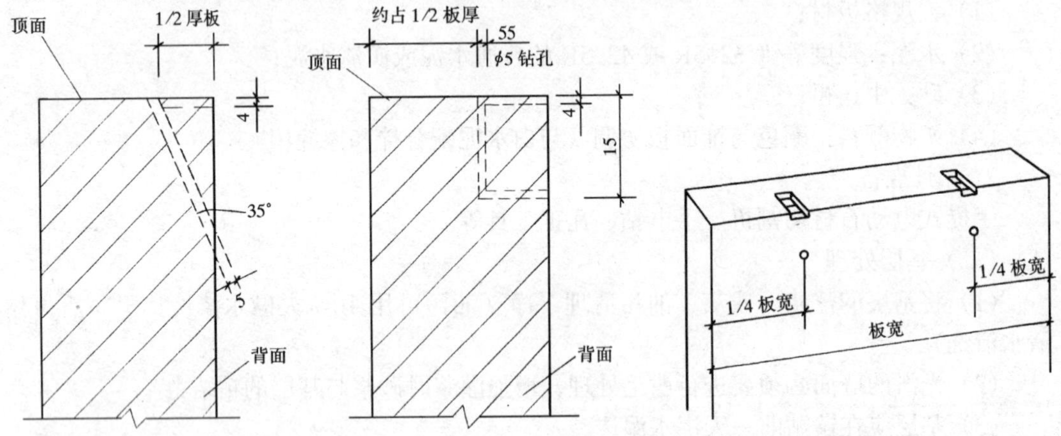

图 3-7　钻 L 型孔和斜孔示意图

图 3-8　钢筋网安装位置

阳角墙柱处理：遇到阳角时，为了拼缝，板材需要磨边卡面，方法如图 3-9 所示。

（七）板材固定

（1）板材上墙安装前，先检查所有准备是否完毕。

（2）板材安装的顺序是由下向上，即从最下层开始。同一层内中间向两侧或由一端向另一端进行。

操作方法是：

1）从最下一层开始，两端用板材找平找直，拉上横线，再从中间或一端开始安装。

2）操作时两人一组。一人提板材，使板下口对准水平线，板上口略向外倾；另一人及时将板下口的 20 号钢丝绑扎在钢筋网的横筋上，然后扣好上口钢丝；用托线板检查垂直度，用水平尺检查水平度，调整板材底部的木楔，保证板与板交换处四角平整，再扎紧钢丝与钢筋网的联接，并将木楔垫稳。

3）安装完一层后，重新用托线板和水平尺校正垂直度和水平度，用方尺找阴阳角。校正后的缝隙用胶布或牛皮纸、石膏灰堵严。在表面横竖方向接缝处，每隔 100～150mm 处用石膏浆（石膏加 20% 的水泥）临时粘结固定，以防移动，待石膏凝结硬化后进行灌浆，如图 3-10 所示。

（八）分层灌浆

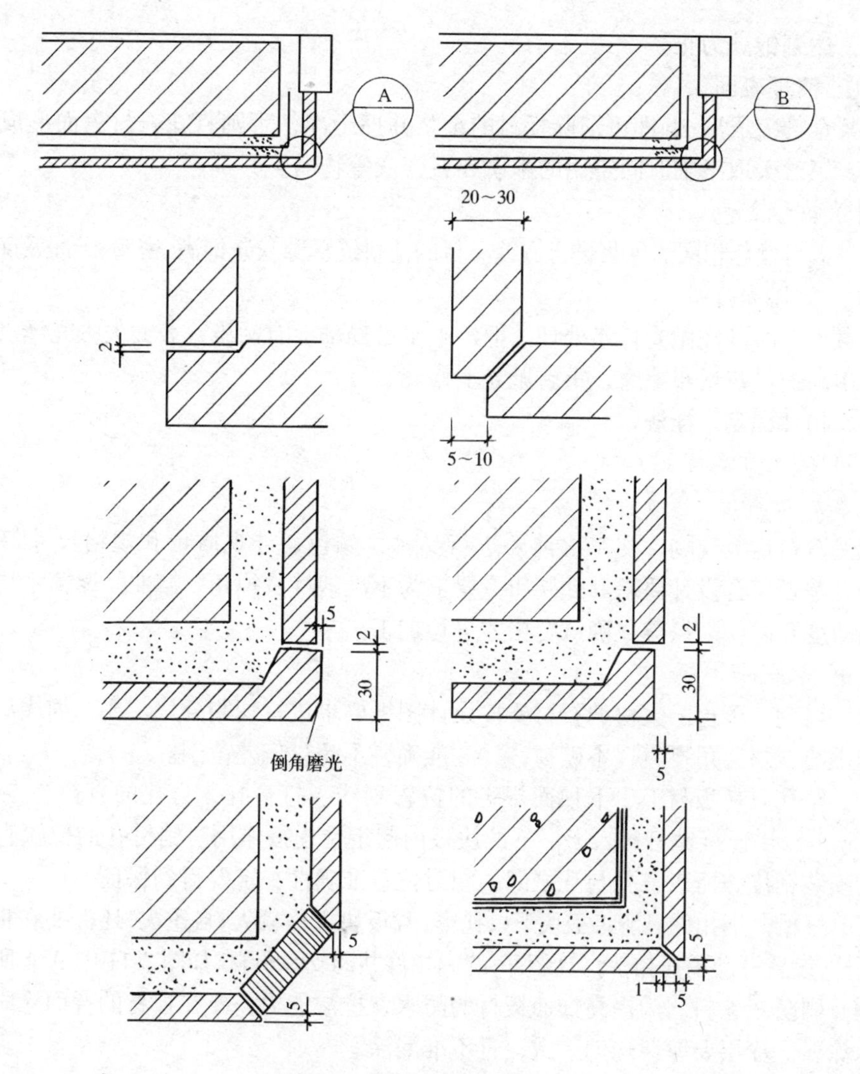

图 3-9　阴阳墙处理示意图

（1）每安装固定一层板材就要进行灌浆。

（2）灌浆时采用1∶1.5～2.5水泥砂浆（稠度为80～120mm），或用＞C10级的细石混凝土。

（3）灌浆是分层进行的。一般分三次进行，第一次灌浆约为板高的1/3；间隔2h之后再第二次灌浆，高度为板材的1/2；第三次灌浆到距板上口50mm，余下高度作为上层板材灌浆的接缝。灌浆前先浇水湿润石板和基层。

（4）灌浆时注意：不要只在一处灌注，应沿水平方向均匀的浇灌；每次灌注高度不宜过高，否则易使板材膨胀移动，影响饰面平整；用木棒轻

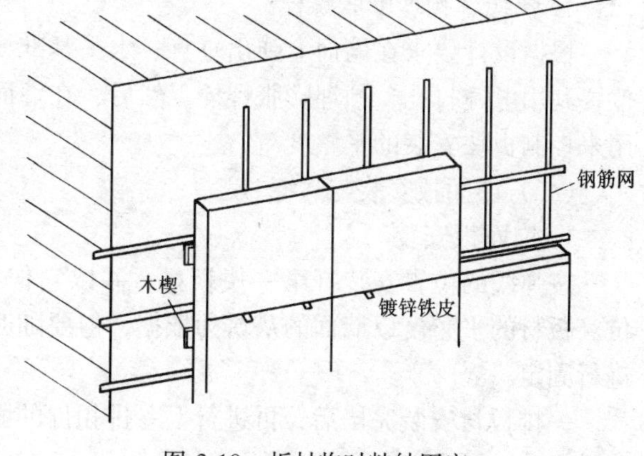

图 3-10　板材临时粘结固定

轻插捣，达到饱满为止。

（九）清理表面

灌浆全部完成后2h即可清除板材的余浆并擦干净，否则将在石材表面形成难以消除的污痕。第二天取下临时固定用的木楔和石膏灰等物品。

（十）嵌缝着色

用与板材颜色相同的色浆进行嵌缝。目的使拼缝缝隙灰浆饱满、密实、干净及颜色一致。

（十一）抛光打蜡

板材出厂时已经抛光打蜡处理。但经施工后局部会有污染，表面失去光泽。故应进行擦拭或用高速旋转帆布擦磨，重新抛光上蜡。

二、扣件固定干挂法

（一）施工准备

1. 板材检查

天然石材运至现场，加工之前要进行品种、颜色、外观质量和规格尺寸等方面的检查，查看是否符合设计要求。外观质量要求为不准缺棱、掉角、翘曲、厚薄不均，不准有大的凹凸度和隐伤裂纹等，确认合格才进行加工。

2. 板材加工

（1）切割、磨边。大块的石材要按设计图纸要求进行切割分块。要先划线后切割，要保证切出的板材边角挺直，不破损，尺寸准确，不超过偏差范围。

（2）钻孔。在板材上、下顶面规定的位置划线、打盲孔，盲孔的直径为5mm，深度为12mm，以供连接销钉插入上、下两块板内起定位连接作用。销钉孔的位置直接关系到板材的安装精度，所以，孔与孔之间的相对位置准确性一定要得到保证。

（3）开槽。钢扣件只能将板块下口托牢，若板块规格较大，自重大，还需要在板块背面的中部开槽，设置辅助承托扣件，与板下口的钢扣件共同支承板材，如图3-11中A-A所示。

（4）刷防水涂料。为提高饰面板材的防水、抗渗能力，要在板材的背面涂刷一层丙稀酸防水涂料。涂层要厚薄均匀一致，且不准漏涂。

3. 墙面处理

墙面应基本平整，大的凸出部分要剔平，大的凹陷部分要用1∶3水泥砂浆填平。为提高墙面的防水、抗渗能力，可以抹一层厚度为5～6mm的防水砂浆或涂刷一层防水涂料。

4. 弹线、预埋膨胀螺栓

根据设计要求在墙面上弹出垂直、水平基准线，按板材的规格尺寸和连接定位销钉的位置利用电锤打孔，预埋膨胀螺栓。然后，在墙面上按规定的间距做1∶3水泥砂浆灰饼，用来控制板块安装的平整度。

（二）饰面板安装与封缝

1. 饰面板安装

按弹线的位置安装好第一块板材，并以它作为基准，从中间或墙面阳角开始安装就位。板材的平整度以墙面的灰饼为依据，但要随时用线坠吊垂直，水平尺靠平，经校准后进行固定。

一排板材安装完毕后，再进行上一排扣件的固定安装。即板材的安装顺序是自下而上分排安装，要求四角平整，横纵对缝。

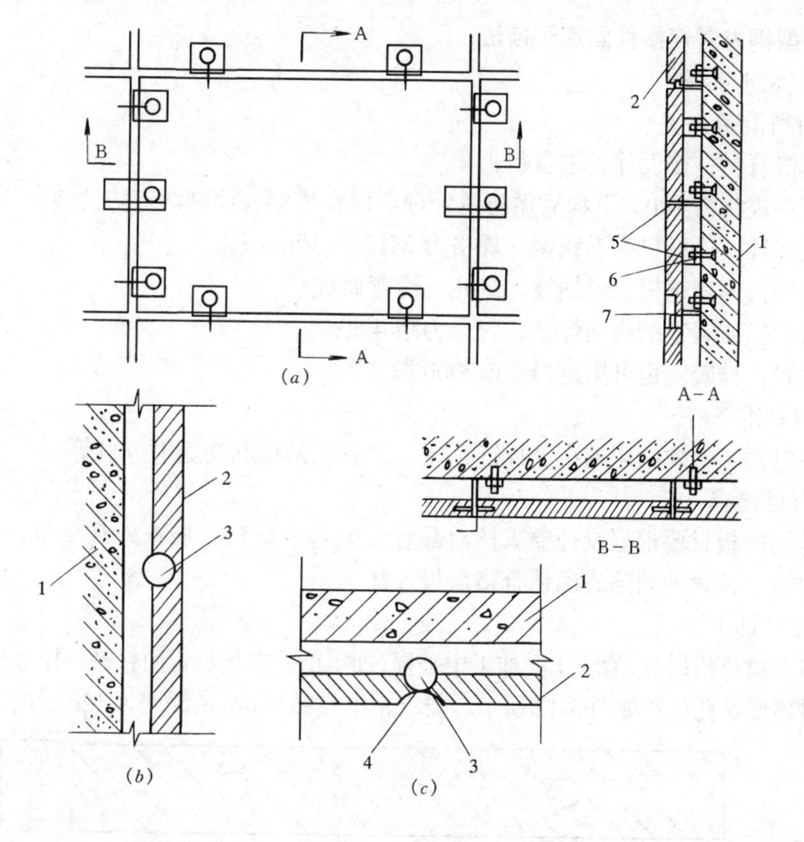

图 3-11　扣件固定饰面板干挂构造

(*a*) 板块安装立面构造；(*b*) 板块垂直接缝构造图；(*c*) 板块水平接缝构造图

1—混凝土外墙；2—饰面板；3—泡沫聚乙烯嵌条；4—密封硅胶；5—钢扣件；6—膨胀螺栓；7—销钉

板材的固定是借助于不锈钢扣件和连接销钉，扣件又借助于膨胀螺栓与墙体的连接，板材安装后的构造如图 3-11 所示。

扣件是一块钻有螺栓安装孔和销钉孔的平钢板。根据板材与墙面之间的距离，将扣件加工成直角形（类似不等边角钢）。扣件上的孔都要加工成椭圆形，以便于在安装时作位置上的调节。扣件的外形构造和安装如图 3-12 所示。

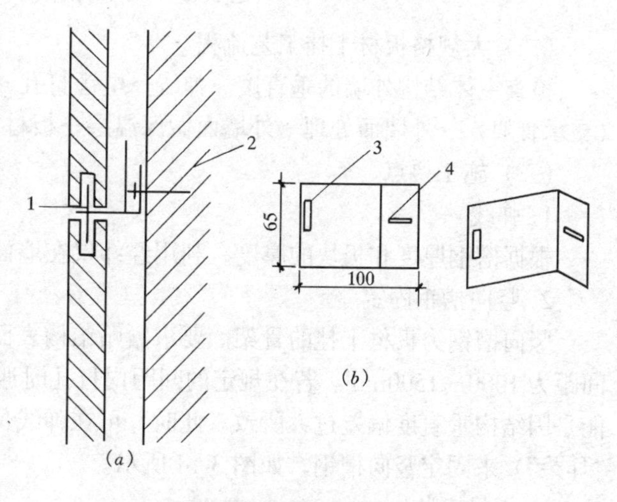

图 3-12　膨胀螺栓固定扣件及扣件构造图

(*a*) 安装方式构造图；(*b*) 扣件的形状

1—销钉；2—膨胀螺栓；3—销钉槽；4—膨胀螺栓孔

2. 接缝处理

天然石材外墙干挂完后的接缝要认真做好防水处理，一般都是使用密封硅胶嵌缝。嵌缝之前，要先在缝内嵌入柔性条状的泡沫聚乙烯作为衬底，用来控制接缝的密封深度和提高密封胶的粘结力。

三、型钢龙骨连接件固定干挂法

（一）施工准备

1. 材料准备

大规格石材：按设计要求备料；

槽钢：规格为100，下料后做防锈处理。即在槽钢表面刷两道防锈漆；

膨胀螺栓：原材料为不锈钢，规格为M12×110mm；

连接件：不锈钢板，经划线、打孔、冷弯而成；

焊条：优质碳素结构钢焊条，牌号为结422；

密封胶：硅胶，也可用进口GE-2000胶。

2. 机具准备

手持电锤、台式钻床或小型摇臂钻床、岩石切割机和交流电焊机等。

3. 石材检查

对进场的板材要根据设计要求核对品种、颜色、规格，检查外观质量，不准有隐伤、开裂、缺棱、掉角的缺陷，确认合格后投入加工。

4. 板材加工

天然石材价格昂贵，为防止在加工中破损，加工前先在板材背面粘贴一层玻璃丝布进行加固。板材顶面钻孔位置如图3-13所示。要求钻出直径为6mm、深度为12mm的盲孔。

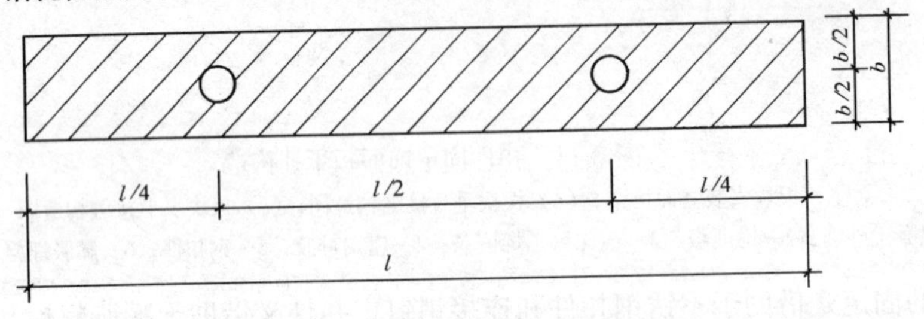

图3-13 大规格板材打孔位置图

（二）大规格板材干挂工艺流程

检查主体结构外墙的垂直度→弹线→电锤打孔→预埋膨胀螺栓→固定并焊接槽钢龙骨（支承骨架）→外墙面处理→外墙面做保温层→板材安装→接缝处理。

（三）施工要点

1. 弹线

根据槽钢厚度和板块的厚度，利用经纬仪在墙面上弹出基准垂线。

2. 竖向槽钢固定

竖向槽钢为板材干挂的骨架。要求紧贴结构表面，用电锤打孔，膨胀螺栓固定。孔的间距为1000～1500mm。若在规定的间距内打孔时遇到结构内部配筋而钻不出孔眼来，可能是因结构垂直度偏差过大所致。此时，可在弹线位置两侧槽钢上加焊辅助连接件（槽钢"耳朵"）来固定竖向槽钢，如图3-14所示。

3. 板材安装

板材安装顺序是自下而上分层进行。第一层板材安装按基准通线就位，保证安装的平整度。螺纹连接要牢固、可靠，板材与承托钢板（舌头）装配连接后，插上连接销钉，随即用胶密封。板材干挂构造如图 3-15 所示。

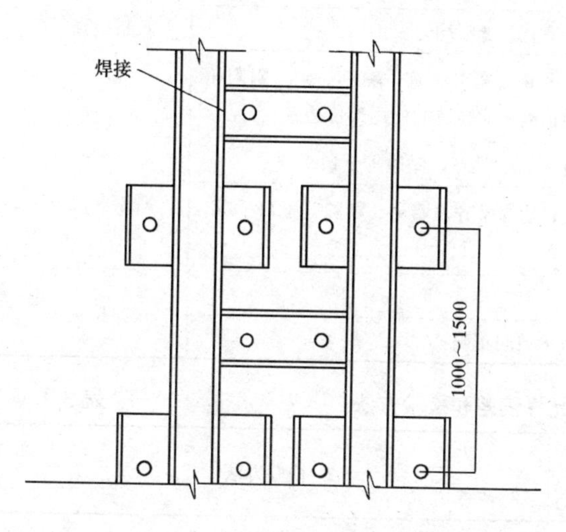

图 3-14　槽钢骨架构造图

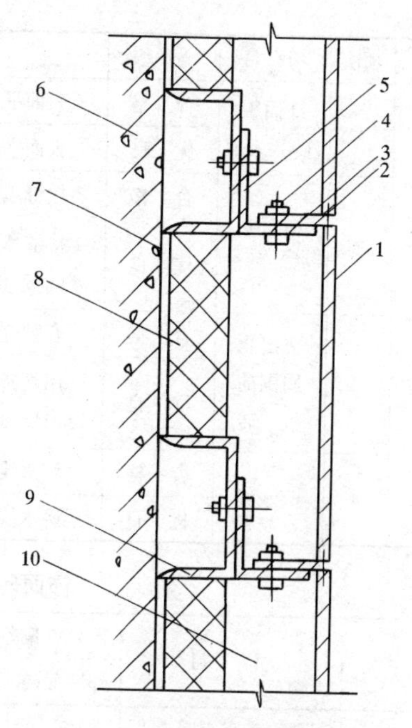

图 3-15　大规格板材干挂饰面构造图
1—板材；2—连接销；3—连接件；4—螺栓；5—连接件；6—外墙；7—抹灰层；8—保温层；9—槽钢；10—空气层

4. 板材安装完毕后的扫尾工作

先将饰面层清扫干净，然后可用硅胶或进口的 GE-2000 密封胶封缝。

（四）质量要求

（1）板材接缝要横平、竖直，宽窄一致。

（2）饰面的垂直度、平整度应符合安装质量标准，使用经纬仪检测垂直度时，每 2m 高的允许偏差应不超过 ±1mm；使用靠尺检查平整度时，每 2m 内的允许偏差应不超过 ±3mm。

（3）饰面板干挂完毕后，饰面层颜色应一致，质感相同。

第三节　贴面装饰工程质量标准和检验方法

饰面砖、饰面板的贴面装饰施工，其工程质量标准及检验方法见表 3-1；饰面板、饰面砖安装的允许偏差和检验方法见表 3-2、表 3-3。

饰面（板、砖）工程质量标准和检验方法　　**表 3-1**

	项次	项　　目	检验方法
保证项目	1	饰面板（砖）的品种、规格、颜色和图案必须符合设计要求	观察检查
	2	板（砖）安装（镶贴）必须牢固，无歪斜，缺棱掉角和裂缝等缺陷，以水泥为主要粘结材料时，严禁空鼓	观察检查和用小锤轻击检查

续表

	项次	项目	等级	质量要求	检验方法
基本项目	1	饰面板（砖）表面	合格	表面平整、洁净	观察检查
			优良	表面平整、洁净，色泽协调一致	
	2	饰面板（砖）接缝	合格	接缝填嵌密实、平直、宽窄均匀	
			优良	接缝填嵌密实、平直、宽窄一致，颜色一致，阴阳角处的板（砖）压向正确，非整砖的使用部位适宜	
	3	突出物周围的板、砖	合格	套割缝隙不超过5mm，墙裙、贴脸等上口平顺	观察和尺量
			优良	用整砖套割吻合，边缘整齐，墙裙、贴脸等上口平顺，突出墙面的厚度一致	
	4	滴水线	合格	滴水线顺直	观察检查
			优良	滴水线顺直，流水坡向正确	

饰面砖粘贴的允许偏差和检验方法 **表 3-2**

项次	项目	允许偏差（mm）		检验方法
		外墙面砖	内墙面砖	
1	立面垂直度	3	2	用2m垂直检测尺检查
2	表面平整度	4	3	用2m靠尺和塞尺检查
3	阴阳角方正	3	3	用直角检测尺检查
4	接缝直线度	3	2	拉5m线，不足5m拉通线，用钢直尺检查
5	接缝高低差	1	0.5	用钢直尺和塞尺检查
6	接缝宽度	1	1	用钢直尺检查

饰面砖安装的允许偏差和检验方法 **表 3-3**

项次	项目	允许偏差（mm）							检验方法
		石材			瓷板	木材	塑料	金属	
		光面	剁斧石	蘑菇石					
1	立面垂直度	2	3	3	2	1.5	2	2	用2m垂直检测尺检查
2	表面平整度	2	3	—	1.5	1	3	3	用2m靠尺和塞尺检查
3	阴阳角方正	2	4	4	2	1.5	3	3	用直角检测尺检查
4	接缝直线度	2	4	4	2	1	1	1	拉5m线，不足5m拉通线，用钢直尺检查
5	墙裙、勒脚上口直线度	2	3	3	2	2	2	2	拉5m线，不足5m拉通线用钢直尺检查
6	接缝高低差	0.5	3	—	0.5	0.5	1	1	用钢直尺和塞尺检查
7	接缝宽度	1	2	2	1	1	1	1	用钢直尺检查

思考题与习题

3-1　内墙粘贴瓷砖前，瓷砖为什么要浸泡？

3-2　试述内墙粘贴瓷砖的质量要求？

3-3　建筑物外墙贴砖前对基层处理有什么要求？砖在粘贴前为什么必须浸泡？

3-4　天然石材、板材外墙干挂有哪两种做法？如何施工？

第四章　墙(柱)面镶板类装饰工程

室内墙面采用木质材料护墙板、石膏板材护墙板、釉面陶瓷内墙砖，室外饰面采用陶瓷面砖、陶瓷锦砖、玻璃锦砖，以及室内外墙面均可采用的陶瓷墙地砖、天然或人造石材幕墙板、金属幕墙板、天然或人造材料的文化石、艺术砖等，是当前普遍的建筑内外墙（柱）面装饰做法。

第一节　木质护墙板安装

建筑物内墙做木质护墙板装饰的形式有半高和全高两种；所使用的面板有木板、胶合板、企口板等。

当前，在室内装饰工程中，护墙板的施工，多采用木方为固定面板的龙骨（骨架），然后以胶合板为衬板，钉固在龙骨上面。在胶合板的面层可以进行油漆、涂料、裱糊壁纸、墙布、镶贴各种装饰板材、塑料板材和玻璃以及包覆人造革饰面等，以满足不同装饰风格和使用功能的要求。

木质护墙板安装的操作工序为：基层处理→弹线、检查预埋件（或布置安装木楔等连接紧固件）→制作并安装木龙骨→安装衬板→安装饰面板→收口→刷罩面漆。

一、施工准备及材料要求

（一）施工准备

在室内装饰工程中，木质护墙板的龙骨安装应在门框和窗台板安装好之后进行。施工操作准备工作，主要有以下注意事项：

（1）施工前，室内吊顶的龙骨架业已吊装完成。各种管线业已铺设完毕。

（2）施工材料和机具等准备齐全。

（3）护墙板（及其他细木制品）及配件在包装、运输、堆放和搬动过程中，要轻拿轻放，不得曝晒和受潮，防止变形、开裂。

（4）护墙板（及其他细木制品）与砖石砌体、混凝土或水泥抹灰层接触时，埋入墙体的木砖、木楔等，均应进行防腐处理。除防腐木砖（木楔）外，其他接触处应设防潮层。金属配件除不锈钢外，均应涂防锈涂料或作其他防锈处理。

（二）材料选用及处理

（1）木质护墙板施工所用的木材要进行认真挑选，保证所用木材的树种、材质及规格等符合设计要求。采用配套成品或半成品时，要按质量标准验收，必要时应通过试验。

（2）护墙板工程中的隐蔽木龙骨，应涂刷防火涂料，不少于三遍。

（3）当自行加工木质护墙板工程材料如采用马尾松、木麻黄、桦木、杨木等易腐朽、虫蛀的木材时，应对构件进行防腐及防虫药剂处理。

二、木质护墙板施工

（一）基层处理

检查墙面基层的平整度和垂直度，要求墙面基层具有足够的刚性和强度，否则应采取必要的补强措施。

对于有防潮要求的墙面，按设计规定进行防水渗漏处理；内墙面底部的防水、防潮，应与楼地面工程相结合进行处理，严格按照设计要求封闭立墙面与楼地面的交接角位。

（二）弹线，检查预埋件

根据施工图上尺寸的要求，先在墙上划出水平标高，按板面的设计尺寸弹出分档线。根据线档在墙上预埋木楔或木砖。木砖或木楔的位置符合龙骨分档的尺寸。木砖的间距横竖一般不大于400mm，经检查预埋木砖的位置不使用时，要按设计要求进行补救或补做。

（三）制作、安装木龙骨

市场上销售的木龙骨多为25mm×30mm的木方，拼装成龙骨的规格通常是300mm×300mm或400mm×400mm（指龙骨框架中心线的间距）。对于面积不太大的护墙板骨架，可以在地面上一次拼装，然后将其钉固在墙面上；若面积大的护墙板架，可先在地面上分片拼装，然后再联片组装，最后固定在墙面上。

对于采用现场进行龙骨加工的做法，其龙骨排布，一般横龙骨间距为400mm，竖龙骨间距为500mm。如面板厚度在10mm以上时，其横龙骨间距可放大到450mm。龙骨必须与每一块木砖钉牢，在每块木砖上钉两枚钉子，上下斜角错开钉紧。如在墙内打入木楔，可采用16～20mm的冲击钻头在墙面钻孔，钻孔的位置应在弹线的交叉点上，钻孔深度应不小于60mm。对于埋入墙体的木砖或木楔，应事先做防腐处理，特别是在潮湿地区或墙面易受潮部位的施工。墙面与龙骨之间加做防潮层，防潮层满铺一层油毡，也可以在墙面上刷两遍聚氨酯防水涂料，以防饰面板受潮。

龙骨安装完毕后，要检查立面的垂直度、表面的平整度，阴阳角要用方尺套方，当发现有较大偏差而且必须要调整时，可以采取在木龙骨下面垫方木块的方法，但方木块必须与龙骨钉牢。

（四）安装衬板

安装所用的衬板一般都采用的是胶合板。衬板安装一般采用无头钉或圆钉与木龙骨钉固。铺钉时要求分布均匀，钉距在100mm左右。

用无头钉固定衬板时，厚度在5mm以下的胶合板，用25mm的无头钉；厚度在5mm以上的（含5mm）胶合板，应采用30～35mm的无头钉钉固。如采用打钉枪打钉，可用15mm枪钉，其钉头可直接埋入板内，但操作时要注意把钉枪嘴垂直顶压板面后再扣动扳机打钉，以保证其钉头埋入及钉固质量。

衬板要求平整、无翘起，接缝处要求边口平直。

（五）安装饰面板、收口

随着建筑装饰水准的提高，室内墙面护墙板的罩面材料日益丰富。现在采用的大多是用木质材料粘贴在衬板上的施工方法。采用的木质材料大多是榉木板材、樱桃木板材等饰面板。

木质材料与衬板的施工方法是采用粘贴工艺。在安装时应注意饰面板的色泽应一致，拼接花纹、板心应选用一致，面板的表面不光滑者，要加工镜面。做到光滑、洁净。所有接缝均应规矩严密，缝隙背后不得过虚。使用胶粘剂时，需注意将缝隙内的余胶挤出，防止油漆之后出现黑纹。

木质护墙板的踢脚线处理，有多种选择，可根据材料种类及装饰要求由设计而定。图4-1示出两种做法可供参考。

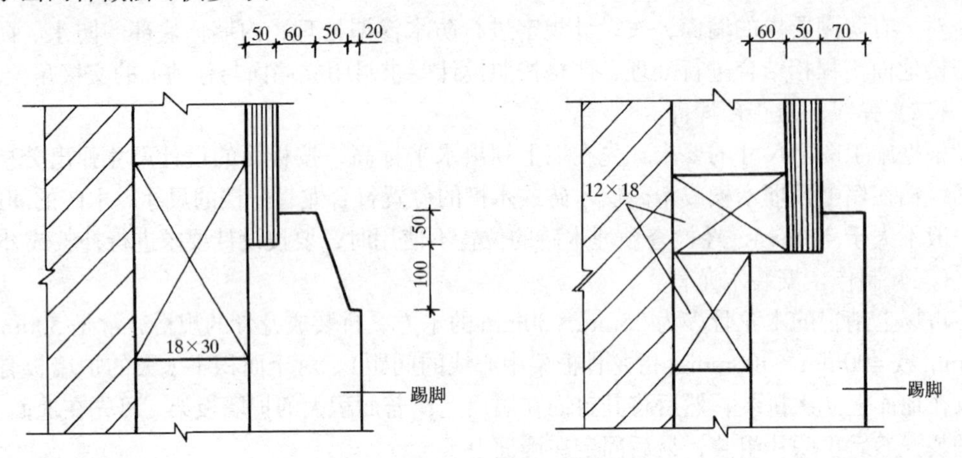

图4-1　护墙板与踢脚板交接

饰面板上的接缝，如设计为明缝且缝隙设计无规定时，缝宽以8～10mm为宜，以便适应面板有微量的伸缩，缝隙形状可以是方形，如图4-2（*a*）所示；也可做成三角形，如图4-2（*b*）所示。当装饰要求较高时，接缝处可钉制木压条或嵌入金属压条，如图4-2所示。

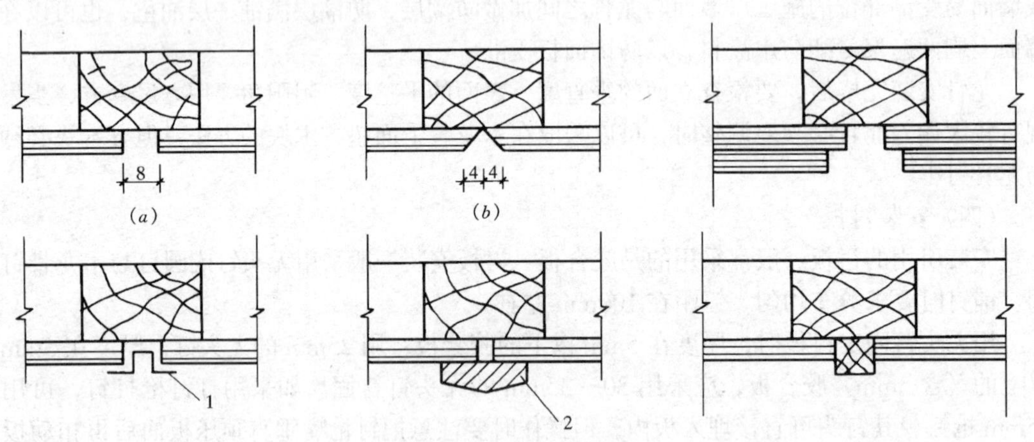

图4-2　人造板镶板嵌缝构造图

（*a*）方形接缝；（*b*）三角形接缝

1—铝压条；2—木压条

墙面安装饰面板时，其阳角处应覆盖护角，以防止板边棱角损坏，并能增强装饰效果，护角的节点构造如图4-3所示。阴角处应安装装饰木压条，以增强装饰效果，如图4-4（*a*）所示；如果不安装木压条，则应使看面不露板边，如图4-4（*b*）所示。

（六）刷罩面漆

木质饰面板材的纹理、质感体现出自然美、材质美和高雅、古朴的艺术品味。如红松、枫木、榉木、樱桃木、水曲柳等，其优质板材纹理均匀、舒展大方，作护墙板用时，应采用显木纹的清漆作为罩面漆。涂饰后，既透明，又可显示出饰面的清淡与名贵。

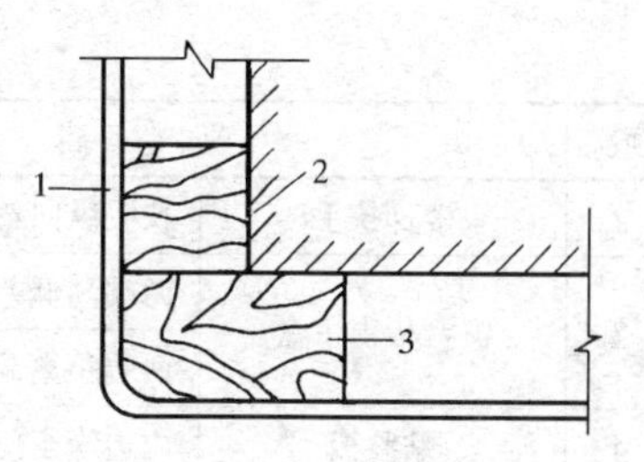

图 4-3 阳角护角

1—罩面板；2—基体；3—木龙骨

三、工程质量标准

根据国家标准《建筑工程施工质量验收统一标准》(GB 50300—2001)、《木结构工程施工质量验收规范》(GB 50206—2002)的有关规定，木质护墙板及其他细木制品安装工程的质量检验评定标准见表4-1，允许偏差见表4-2。

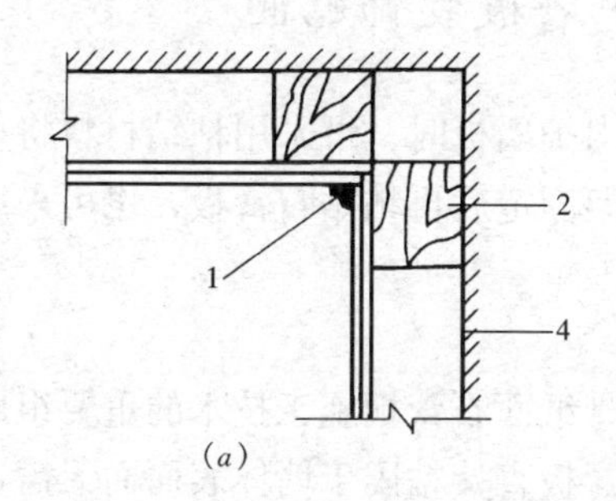

(*a*)

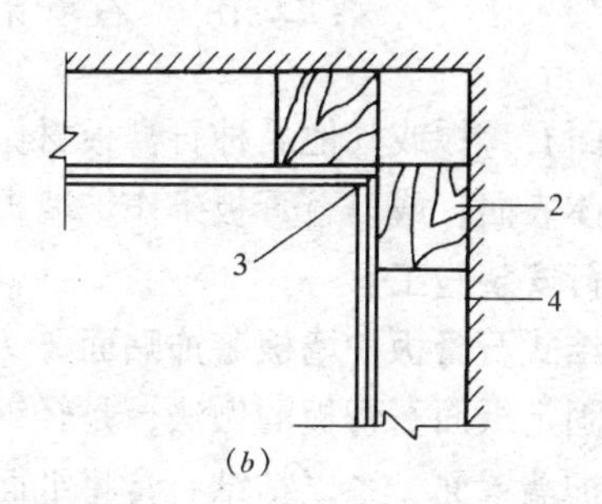

(*b*)

图 4-4 阴角处理

(*a*) 安装木压条；(*b*) 不安装木压条

1—木压条；2—木龙骨；3—衬板和饰面板；4—墙体

细木制品工程质量要求及检验方法（GBJ301—88） **表 4-1**

	项次	项目	等级	质量要求	检验方法
保证项目	1			细木制品的树种、材质等级、含水率和防腐处理必须符合设计要求和《木结构工程施工质量验收规范》(GB 50206—2002) 的规定	观察检查和检查测定记录
保证项目	2			细木制品与基层（或木砖）必须镶钉牢固，无松动现象	观察和手摸检查
基本项目	1	制作质量	合格	尺寸正确，表面光滑，线条顺直	观察、手摸检查或尺量检查
基本项目	1	制作质量	优良	尺寸正确，表面平直光滑，棱角方正，线条顺直，不露钉帽，无戗槎、刨痕、毛刺、锤印等缺陷	观察、手摸检查或尺量检查
基本项目	2	安装质量	合格	安装位置正确，割角整齐，接缝严密	观察检查
基本项目	2	安装质量	优良	安装位置正确，割角整齐，交圈，接缝严密，平直通顺，与墙面紧贴，出墙尺寸一致	观察检查

护墙板等细木制品安装允许偏差和检验方法 **表 4-2**

项次	项	目	允许偏差（mm）	检验方法
1	护 墙 板	上口平直	3	拉5m线，不足5m拉通线检查
		垂直	2	全高吊线和尺量检查
		表面平整	1.5	用1m靠尺和塞尺检查
		压缝条间距	2	尺量检查
		栏杆垂直	2	吊线和尺量检查
		栏杆间距	3	尺量检查

续表

项次	项目		允许偏差（mm）	检验方法
2	楼梯扶手	扶手纵向弯曲	4	拉通线和尺量检查
3	窗台板窗帘盒	两端高低差	2	用水平尺和楔形塞尺检查
		两端距离洞长差	3	尺量检查
4	贴脸板	内边缘至门窗框裁口距离	2	尺量检查
5	挂镜线	上口平直	3	拉5m线，不足5m拉通线和尺量检查

第二节　石膏板护墙板装饰贴面

采用纸面石膏板或其他品种石膏板材作室内护墙板时，可采用粘结材料将板材直接贴覆于内墙基体表面，或以石膏板条作护墙板骨架固定后再粘贴石膏板，也可采用墙体轻钢龙骨系统进行安装施工。

一、粘结式石膏板护墙板装饰贴面

在墙面固定纸面石膏板的做法，是轻钢龙骨纸面石膏板施工技术的重要组成部分。其直接粘贴式护墙罩面，系以粘结石膏将纸面石膏板直接粘固于墙体表面而无需连接固定或龙骨骨架的简易做法。

（一）粘结材料及墙体基本要求

1. 粘结石膏粉

粘结石膏粉是用精细的半水石膏粉加入一定量的胶料及其他添加剂制成，主要用于石膏板贴面墙或石膏板安装工程的各种需要牢固粘结的部位。

2. 嵌缝及增强材料

（1）嵌缝石膏粉。主要由半水石膏粉加入适量缓凝剂而成。注意调制后不可再添加石膏粉作二次搅拌，以防止出现结块；调制时的水温不应低于5℃，在低温环境应使用温水调制；在常温下自调制至使用完的时间为40～70min。

（2）接缝纸带及玻纤网胶带。采用打有小孔的牛皮纸带或玻璃纤维网格胶带增强，可提高石膏板接缝拉力。纸带使用前应先在清水中浸湿，以便于与嵌缝石膏粘合；玻璃纤维网带成品已事先浸过胶液，在一侧有不干胶，其挺度和补缝拉结作用优于纸带，可用于较重部位的板缝补强处理。

3. 基体要求

（1）新砌筑的建筑墙体，应等其充分干燥后方可进行贴面施工。

（2）对吸水性较强的墙体，应浇水湿润，以免过快吸收粘结石膏中的水分，而降低粘结强度。

（3）找平层和修补后的找平层强度，不应低于粘结石膏的粘结强度。

（4）对于过于光滑的墙体，应适当涂抹相应的涂料，以保证墙面与粘结石膏的牢固连接。

（二）平整基层的直接贴面

（1）在平整的墙面上按纸面石膏板的宽度弹线；为使石膏板的板面上下对正，还需在顶、地面划出贴面板的定位线。

（2）将粘结石膏粉调制的粘结糊团摊涂到墙面上，糊团直径为50mm，厚度不小于10mm，在水平和垂直方向糊团间距均不大于450mm，即1200mm板宽摊设4排糊团，如图4-5所示。

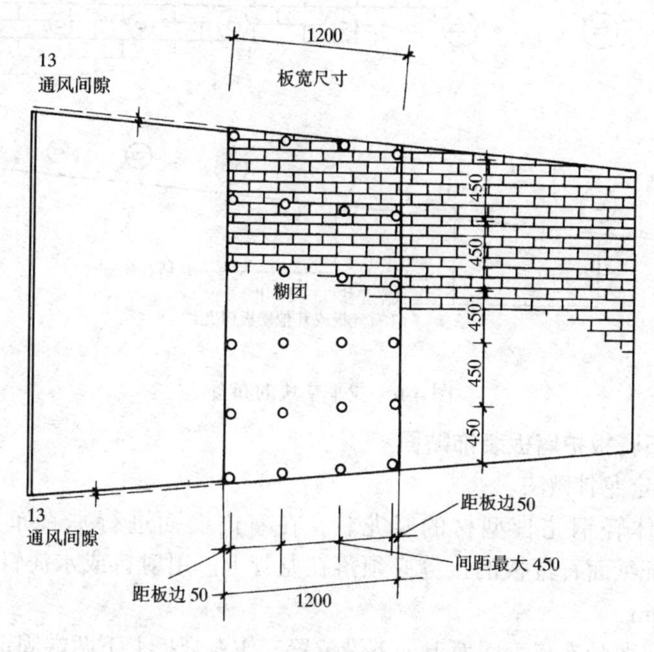

图4-5　在墙面上贴板

（3）板材就位，上部与顶面、下端与地面均留出13mm间隙，以利于适当通风。

（4）摆正石膏板，用直尺平压轻敲压实。由于粘结石膏自调制至凝固时间为100～160min，故在施工中应注意控制时间，应逐块分别进行摊布糊团和铺贴操作。

（三）不平整基层的垫块贴面

（1）拉线或用直尺找出墙面的凹凸处，明确其平整度偏差。

（2）确定石膏板粘贴位置，根据板块宽度尺寸弹线。

（3）按图4-6用粘结石膏糊团粘结布置找平垫块，垫块可用石膏板或其他硬板切割成75mm×50mm，于墙体上、下各布置一排，按墙面高度在中部也需布置1～2排。

（4）通过垫块找平后，再继续摊铺粘结石膏糊团，进而粘铺石膏板材，做法与平整墙面的板材贴面相同。

（四）不平整基层的垫条贴面

（1）切割石膏板，裁出100mm宽的板条。

（2）将石膏板条粘贴于墙面上、下水平边缘，然后根据石膏板宽度粘贴垂直方向的石膏板条，将横竖板条在粘贴过程中一并整体找平找正。注意水平方向的板条应与顶、地之间以及竖向板条端头均留出一定间隙；对于需要保温的外墙体，其内表面粘贴板条时应将板条叠加至足以容纳岩棉等材料保温层的厚度。

（3）将粘结石膏涂抹在板条上，随即将石膏板材就位贴平粘牢，其他做法同上述。

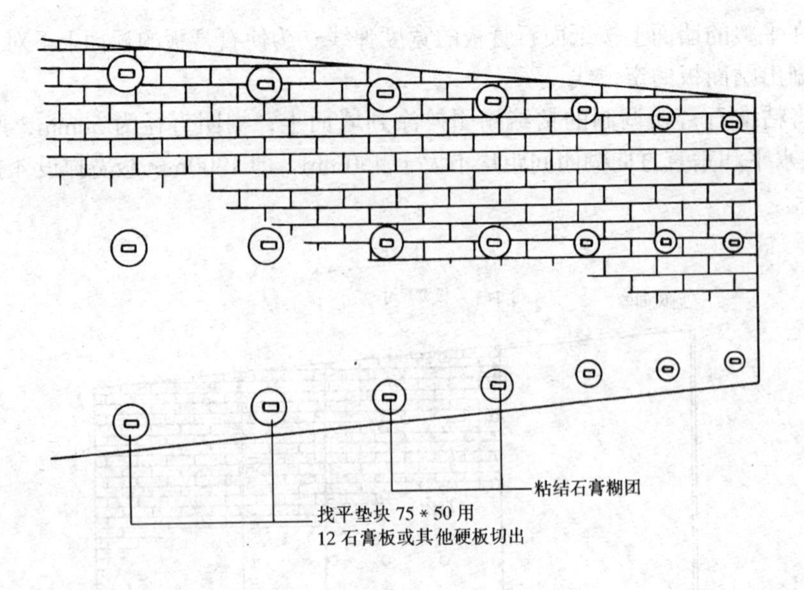

图 4-6　找平垫块的布置

二、骨架式石膏板护墙板装饰贴面

（一）直接固定龙骨做法

（1）采用墙体轻钢龙骨型材的竖龙骨，在室内墙面进行垂直布置，间距不大于600mm，且应保证纸面石膏板的接缝必须落在龙骨上。用射钉或水泥钉将竖龙骨与墙体固定，钉距 600mm。

（2）切割小段龙骨安装于墙面上、下沿位置，作石膏板上下两端固定之用。小段龙骨的端头与竖龙骨之间，宜留有 25mm 的通风间隙，见图 4-7 所示。

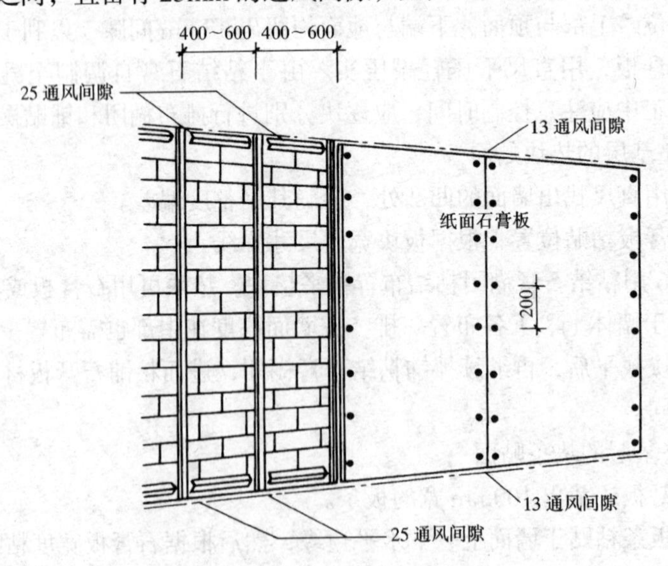

图 4-7　墙体龙骨铺板构造图

（3）用自攻螺钉将石膏板固定到龙骨上，石膏板板边的钉距为 200mm，板中部的钉距为 400mm；自攻螺钉的位置距石膏板边缘的距离为 10～16mm。

（4）纸面石膏板可以竖向铺设，也可横向铺设；贴面整体的上、下部位宜各留 13mm 的通风间隙。

（二）锚固卡安装龙骨做法

根据西斯尔干墙装饰石膏板技术，其墙体槽形龙骨的安装无需钉固于墙上，而是嵌卡于配件锚固卡上，使施工较为简便。

（1）在墙面按 1200mm 的间距固定其槽形龙骨锚固卡，锚固卡的固定位置即为龙骨的卡装位置及龙骨排布方向。墙面上、下各设一排水平向锚固卡，距顶、地面的尺寸不大于 10mm；竖直方向的锚固卡与竖直方向锚固卡间距，应不大于 600mm，见图 4-8 所示。

（2）将槽钢龙骨卡装于墙面上下两端水平方向的龙骨锚固卡上，中间的龙骨竖直安装，如图 4-9 所示。

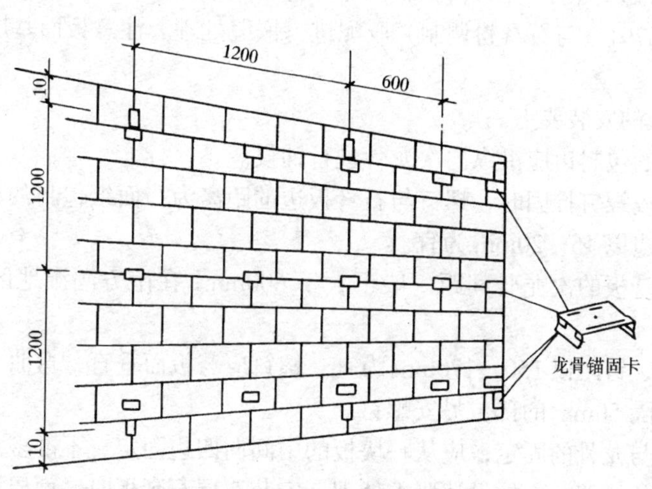

图 4-8　龙骨锚固卡的固定构造图

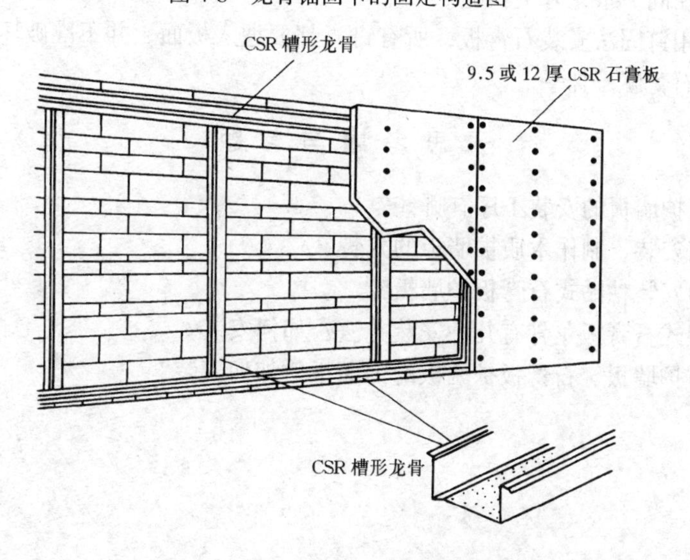

图 4-9　槽形龙骨及石膏板的构造图

（3）石膏板就位，用自攻螺钉进行固定。自攻螺钉的钉距：板面垂直方向自攻螺钉间距为 400mm，接缝部位钉距为 200mm。如果护墙板表面需镶贴瓷砖等较重型饰面时，石膏板内的自攻螺钉钉距为200mm，阴阳角和对接缝处的钉距为150mm。

（三）主、次龙骨卡扣安装做法

（1）室内墙面找平，弹出主龙骨位置线。主龙骨间距为600mm或800mm，由设计确定。

（2）主龙骨按弹线就位，采用射钉、水泥钉或其他固定件安装在墙面基体。

（3）按200mm、300mm或400mm间距安装次龙骨，与主龙骨相垂直扣装在组合卡口。

（4）用自攻螺钉铺钉纸面石膏板（或其他罩面装饰板），按常规做法。

（5）纸面石膏板铺钉后，其表面嵌缝处理方法可有两种做法。一种是先在缝隙处涂刷一道107胶水溶液，然后嵌抹石膏腻子（石膏粉:珍珠岩=1:1）；另一种做法是采用SG792胶泥或SG791（与石膏粉调制）胶泥进行嵌缝处理。注意板面基层在嵌缝时要保持干燥。

（四）石膏板的安装要点

（1）石膏板的包封边应沿纵向次龙骨进行铺设。

（2）采用自攻螺钉拧固时，螺钉与石膏板边的距离为：面纸包封的板边以10～15mm为宜，切割的板边以15～20mm为宜。

（3）固定石膏板的次龙骨间距一般不大于600mm. 在南方潮湿地区，间距应减小到300mm为宜。

（4）钉固时，钉距以150～170mm为宜，螺钉应与板面垂直，弯曲、变形的螺钉应剔除，并改换到相隔50mm的部位另安螺钉。

（5）石膏板与龙骨的固定，应从一块板的中间向四边固定，不准多点同时固定。

（6）石膏板的接缝，应按设计要求处理。安装双层石膏板时，面层板与基层板的接缝应错开，不准在同一根龙骨上接缝。

（7）凡采用钉固法安装石膏板，所有钉头都要埋入板面，并不准破坏纸面，钉眼要做防锈处理并用石膏腻子抹平。

思考题与习题

4-1　木质护墙板的安装工序有哪些?

4-2　如何安装、制作木质护墙板的龙骨?

4-3　如何安装粘贴式石膏板护墙板?

4-4　骨架式石膏板龙骨有几种安装方法？如何安装?

4-5　木质护墙板、石膏板护墙板的饰面板材如何安装?

第五章　涂料饰面工程

涂料是指涂敷在基层表面并与基层材料能很好地粘结，形成完整而坚韧的保护膜的材料。通称为“建筑涂料”，简称“涂料”。涂料干结后形成的涂膜对基层表面起覆盖保护作用，且各种色彩和质感使其具有很强的装饰效果。有些涂料中含有某些添加剂成分，可以使涂料产生防火、防霉或防玷污等特殊功效。

油漆是涂料中的一个组成部分，它是以油料为原材料的。20世纪70年代后，以合成树脂为主要原料生产的有机涂料问世，并远远超过油漆涂料的技术性能和使用范围。同时还推广应用了以无机硅酸盐和硅溶胶为原料的无机涂料。所以，油漆与涂料统称为“涂料”。

一般来说，油漆基层表面主要有木材面、抹灰面或混凝土面和金属面三种。内外墙面用涂料按其涂膜厚度及涂层组成，分为薄涂料、厚涂料和复层涂料三大类。

第一节　内、外墙薄涂料施工

一、内、外墙薄涂料的常用品种

薄涂料因涂层较薄而得名，有水性薄涂料、合成树脂乳液薄涂料、溶剂型（包括油性）薄涂料和无机薄涂料等几大类。

用于内墙的常用薄涂料的主要品种有大白浆、聚乙烯醇水玻璃内墙涂料（又名106内墙涂料）、聚乙烯醇缩甲醛内墙涂料（即803内墙涂料）、乳液型内涂料（又称“乳胶漆”）等。

用于外墙的常用薄涂料的主要品种有乙丙外墙漆、ZS－841外墙涂料、BC－841建筑涂料、JH80-1无机建筑涂料、JH80-2无机建筑涂料等。

二、内、外墙薄涂料施工的基层处理

内、外墙的基层主要有混凝土面、水泥砂浆抹灰面、石灰砂浆抹灰面和混合砂浆抹灰面四种。在涂饰薄涂料之前，应先对基层进行表面处理，以满足涂饰要求。

（一）基层要求

（1）基层的碱度pH值应在10以下，含水率应在8%～10%；

（2）基层表面平整，阴、阳角及角线应密实，轮廓分明；

（3）基层应坚固，如有空鼓、酥松、起泡、起砂、孔洞、裂缝等缺陷，应进行处理；

（4）外墙预留的伸缩缝应进行防水密封处理；

（5）表面应无油污、灰尘、溅沫及砂浆流痕等杂物。

（二）基层处理方法

涂料饰面工程的施工前，应认真检查基层质量，基层经验收合格后方可进行下道工序

的操作。基层清理的目的在于清除基层表现的粘附物，使基层清洁，不影响涂料对基层的粘结。常见的基层粘附物及清理方法，见表5-1。

常见的基层粘附物及清理方法　　**表5-1**

项次	常见的粘附物	清理方法
1	灰尘及其他粉末状粘附物	可用扫帚、毛刷进行清扫或用吸尘器进行除尘处理
2	砂浆喷溅物、水泥砂浆流痕、杂物	用铲刀、錾子匀铲剔凿或用砂轮打磨，也可用刮刀、钢丝刷等工具进行清除
3	油脂、脱模剂、密封材料等粘物	要先用5%～10%浓度的火碱水清洗，然后用清水洗净
4	表面泛“白霜”	先用3%的草酸液清洗，然后再用清水洗
5	酥松、起皮、起砂等硬化不良或分离脱壳部分	应用錾子、铲刀将脱离部分全部铲除，并用钢丝刷刷去浮灰，再用水清洗干净
6	霉斑	用化学去霉剂清洗，然后用清水清洗
7	油漆、彩画及字痕	可用10%浓度的碱水清洗，或用钢丝刷蘸汽油或去油剂刷净，也可用脱漆剂清除或用刮刀刮去

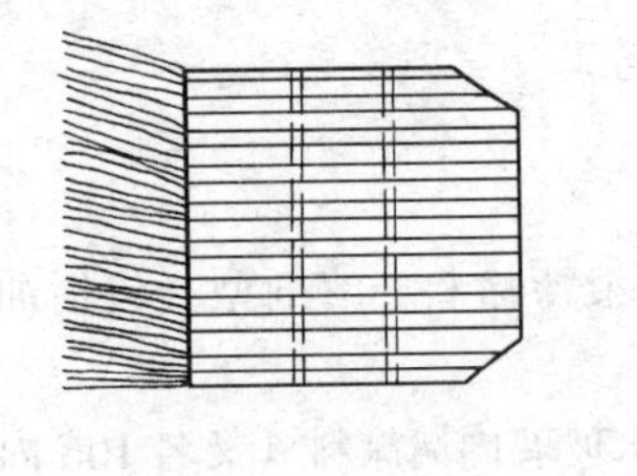

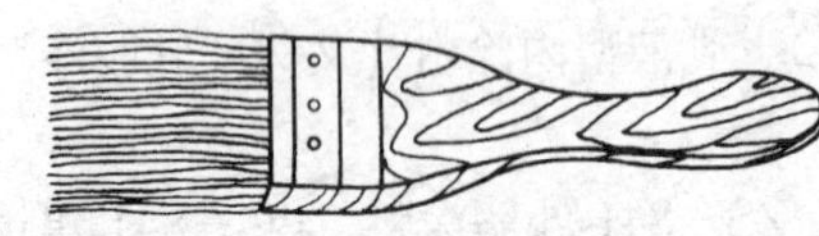

图5-1　刷涂工具

（三）基层处理工具

基层处理工具有尖嘴锤、弯头刮刀、圆纹锉、刮铲、钢丝刷、钢丝束等。

三、内、外墙薄涂料的施工方法

（一）刷涂

刷涂是用毛刷、排刷等工具进行涂饰，是传统的手工涂饰方法之一，便于操作，工具简单，但工效较低，劳动强度较大。主要的工具如图5-1所示。

（二）滚涂

滚涂是用羊毛辊子进行涂饰的一种方法，也是一种传统的手工施工方法。操作简单、有利于较高墙面或天棚的涂饰工作，工效比刷涂稍高，但劳动强度也较大。主要的工具如图5-2所示。

（三）喷涂

喷涂是用喷枪及空气压缩机等将涂料喷射在基层表面的一种机械施工方法。具有工效高，劳动强度较低、适用于大面积施工等特点。主要的机具如图5-3所示。

四、内、外墙薄涂料施工

（一）刷涂、滚涂施工

1. 施工工序

由于工程质量所要求的等级不同，涂饰的工序也有所不同。内、外墙刷涂、滚涂薄涂料分普遍、中级、高级三个等级。等级越高，涂饰的遍数越多，施工的主要工序见表5-2和表5-3。

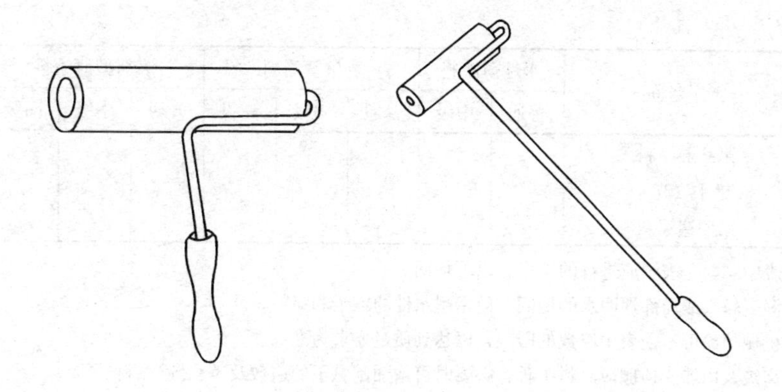

图 5-2　滚涂工具

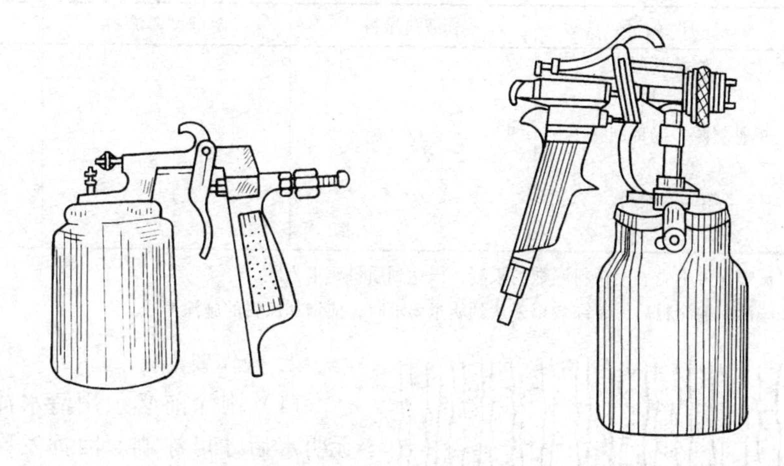

图 5-3　喷涂工具

内墙薄涂料施工的主要工序　　**表 5-2**

项　次	工序名称	水性薄涂料		乳液薄涂料			溶剂型薄涂料			无机薄涂料	
		普通	中级	普通	中级	高级	普通	中级	高级	普通	中级
1	清扫	√	√	√	√	√	√	√	√	√	√
2	填补腻子，局部刮腻子	√	√	√	√	√	√	√	√	√	√
3	磨平	√	√	√	√	√	√	√	√	√	√
4	第一遍满刮腻子	√	√	√	√	√	√	√	√	√	√
5	磨平	√	√	√	√	√	√	√	√	√	√
6	第二遍满刮腻子		√		√	√		√	√		√
7	磨　平		√		√	√		√	√		√
8	干性油打底						√	√	√		
9	第一遍涂料	√	√	√	√	√	√	√	√	√	√
10	复补腻子		√		√	√		√	√		√
11	磨平（光）		√		√	√		√	√		√
12	第二遍涂料	√	√	√	√	√	√	√	√	√	√
13	磨平（光）					√		√	√		

续表

项次	工序名称	水性薄涂料		乳液薄涂料			溶剂型薄涂料			无机薄涂料	
		普通	中级	普通	中级	高级	普通	中级	高级	普通	中级
14	第三遍涂料					√		√	√		
15	磨平（光）								√		
16	第四遍涂料								√		

注：1. 表中“√”表示应进行的工序，以下均同。

2. 湿度较大或局部遇明水的房间，应用耐水性的腻子和涂料。

3. 机械喷涂可不受表中遍数的限制，以达到质量要求为准。

4. 高级及内墙、顶棚薄涂料工程，必要时可增加刮腻子的遍数及1～2遍涂料。

外墙薄涂料工程施工主要工序 **表 5-3**

项次	工序名称	乳液薄涂料	溶剂型薄涂料	无机薄涂料
1	修补基层	√	√	√
2	清扫	√	√	√
3	填补缝隙，局部刮腻子	√	√	√
4	磨平	√	√	√
5	第一遍涂料	√	√	√
6	第二遍涂料	√	√	√

注：1. 机械喷涂可不受表中涂料遍数的限制，以达到质量要求为准。

2. 如施涂两遍涂料后，装饰效果未达到质量要求时，应增加涂料的施涂遍数。

2. 操作要点

(1) 刷涂前必须用清水冲洗墙面，待无明水后才可涂刷。因挥发原因，涂料干燥较快，应勤蘸短刷，初干后不能反复涂刷。

(2) 刷涂时先刷门窗口，然后竖向、横向涂刷两遍，其间隔时间为2h左右。要做到接头严密，流平性好，颜色均匀一致。

(3) 涂刷方向，长短应大致相同，有一定的顺序，新旧接槎必须在分格缝处。

(4) 一般涂刷两遍盖底，可以两遍连续涂刷，即刷完第一遍后立即接着刷第二遍，但要注意均匀一致。

(5) 刷涂与滚涂相结合时，应先将涂料按照刷涂法涂刷于基层上，然后即时用轮子滚涂，轮刷上只需蘸少量涂料，滚压方向应一致，操作时动作要快捷、迅速，如图5-4所示。

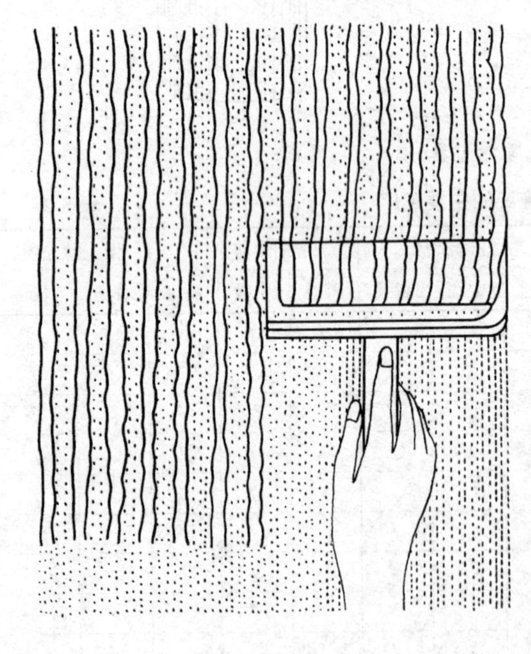

图5-4 滚涂方向

(6) 无机高分子外墙涂料施工后12h内要避免雨淋，不能在下雨时施工，或施工后不到12h被雨淋坏。无机高分子外墙涂料施工温度应符合要求，通常，JH80-1型施工最低气温不得低于0℃；JH80-2型施工最低温度不得低于8℃。

（二）喷涂施工

1. 施工工序

内外墙薄涂喷涂的施工工序基本上与刷涂、滚涂相同，只是采用机械喷涂时可以不受喷涂遍数的限制，以达到施工质量要求为标准。参照表5-2、表5-3。

2. 操作要点

(1) 喷涂时，空气压缩机的压力一般控制在0.4～0.8MPa，排气量为0.4～0.8m^3/min。手要平稳地握住喷斗，喷嘴与墙面尽量垂直，喷嘴距墙面40～60cm，如图5-5所示。

(2) 喷涂内墙面时先喷涂门窗口，然后横向来回旋转喷墙面，要防止漏喷和流淌，一般喷两遍成活，两遍的间隔时间约为2h。喷涂行走路线，如图5-6所示。

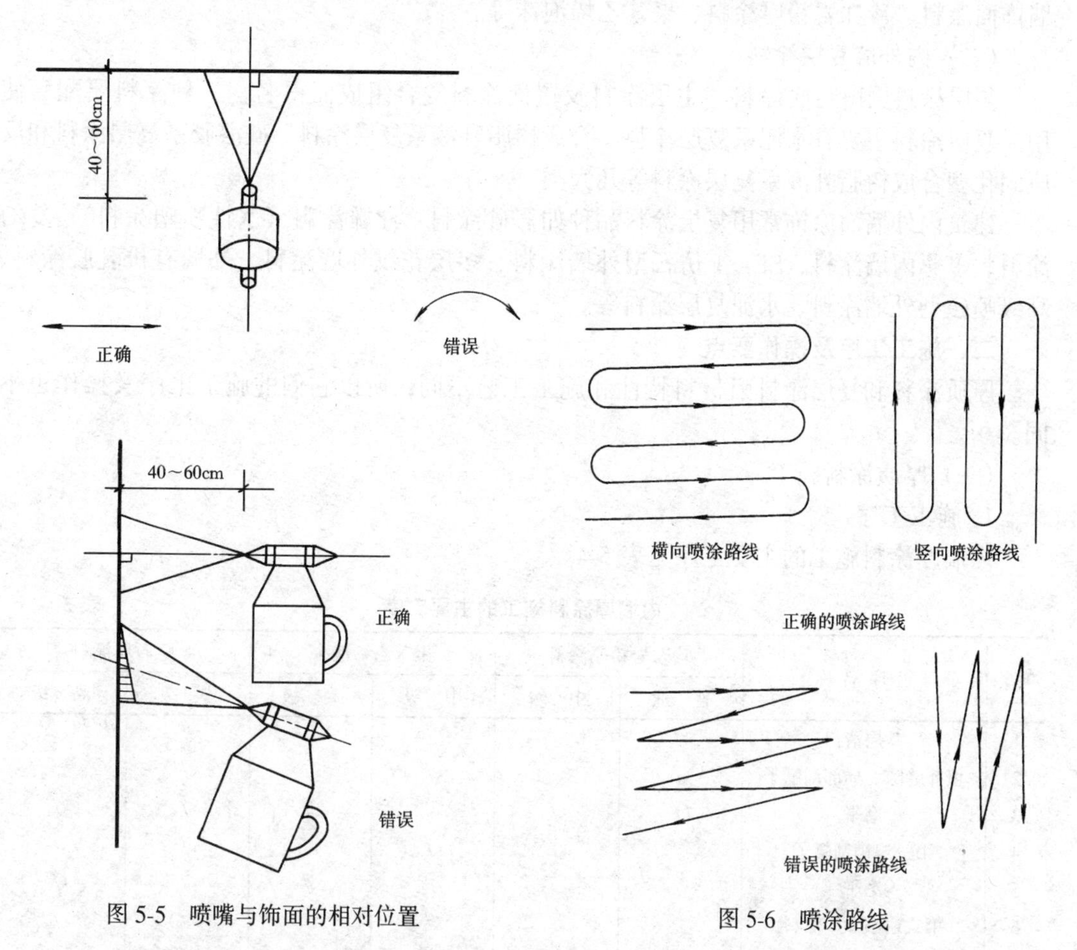

图5-5　喷嘴与饰面的相对位置

图5-6　喷涂路线

(3) 如果内墙面与顶棚喷涂不同颜色时，应先喷涂顶棚，后喷涂墙面。喷涂时要用纸或塑料布将门窗扇及其他部位遮盖住，以免污染。

(4) 喷涂外墙面时，门窗口也必须遮挡，避免污染。空压机压力和排气量与喷涂内墙基本相同。同时，根据涂料的稠度、喷嘴直径的大小相应调整喷斗进气阀门，以喷成雾状为宜。

(5) 开喷时气压不要过猛，无料时要及时关掉气阀。涂层接槎必须留在分格缝处，以防出现“花脸”、“虚喷”等问题。

第二节　新型厚涂料、复层涂料施工

一、厚质涂料、复层涂料品种

(一) 内外墙厚质涂料

厚质涂料主要有合成树脂乳液厚涂料、合成树脂乳液砂壁状厚涂料、合成树脂乳液轻质涂料和无机厚涂料等几大类。

建筑内外墙面涂饰常用涂料品种如室内纤维装饰涂料（又叫“好涂壁”）、蛭石厚涂料、天然真石漆（属高级水溶性油漆）、仿瓷涂料、KS－82无机高分子外墙涂料、104外墙饰面涂料、珍珠岩粉厚涂料、聚苯乙烯泡沫等。

(二) 内外墙复层涂料

复层涂料因由封底涂料、主层涂料及罩面涂料复合组成而得名，三种涂料要配套使用。复层涂料主要有水泥系复层涂料、合成树脂乳液系复层涂料、硅溶胶系复层涂料和反应固化型合成树脂乳液系复层涂料等几大类。

建筑内外墙面涂饰常用复层涂料品种如彩砂涂料、浮雕涂料（水性喷塑涂料）、梦幻涂料、多彩内墙涂料、SE－1仿石型外墙涂料、多层花纹外墙涂料、外墙有机乳胶涂料、高级喷磁型外墙涂料、水泥复层涂料等。

二、施工工序及操作要点

厚质涂料和复层涂料因材料特性和施工工艺不同，所以它们的施工工序及操作也不同。

(一) 厚质涂料施工

1. 施工工序

内墙厚涂料施工的主要工序见表5-4。

内墙厚涂料施工的主要工序　　表5-4

项次	工序名称	珍珠岩粉厚涂料		聚苯乙烯泡沫		蛭石厚涂料	
		普通	中级	中级	高级	中级	高级
1	基层清扫	√	√	√	√	√	√
2	填补缝隙、局部刮腻子	√	√	√	√	√	√
3	磨平	√	√	√	√	√	√
4	第一遍满刮腻子	√	√	√	√	√	√
5	磨平	√	√	√	√	√	√
6	第二遍喷涂厚涂料		√	√	√	√	√
7	磨平		√	√	√	√	√
8	第一遍喷涂厚涂料	√	√	√	√	√	√
9	第二遍喷涂厚涂料				√		√
10	局部喷涂厚涂料		√	√	√	√	√

注：1. 合成树脂乳液轻质厚涂料有珍珠岩粉厚涂料、聚苯乙烯泡沫塑料粒子和蛭石厚涂料等。

2. 高级顶棚轻质厚涂料装饰，必要时增加一遍满喷涂料后，再进行局部涂厚涂料。

外墙厚涂料施工的主要工序见表 5-5。

外墙厚涂料施工的主要工序 **表 5-5**

项 次	工序名称	合成树脂乳液厚涂料 合成树脂乳液砂壁状涂料	无机厚涂料
1	修补基层	√	√
2	清　扫	√	√
3	填补缝隙、局部刮腻子	√	√
4	磨　平	√	√
5	第一遍厚涂料	√	√
6	第二遍厚涂料	√	√

注：1. 表中"√"号表示应进行的工序，下文同。

2. 机械喷涂可不受表中涂料遍数的限制、以达到质量要求为准。

3. 合成树脂乳液和无机厚涂料有云母状、砂粒状。

4. 砂壁状建筑涂料必须采用机械喷涂方法施涂，否则将影响装饰效果，砂粒状厚涂料宜采用喷涂方法施涂。

2. 操作要点

由于厚质涂料品种较多，不同品种的厚质涂料其施工操作有一些区别，但基本上都是采用刷涂、滚涂和喷涂等施工方法。这些方法可参见前述薄涂料施工的有关内容。这里仅以天然真石漆施工为例，说明厚涂料的操作要点：

(1) 喷涂防潮底漆，可以用毛辊或扫涂，其目的是使施工底面能充分吸收。当然，也可采用清漆喷枪喷涂。

(2) 在做防水保护膜时最好用喷枪喷涂，以保证涂层能均匀地覆盖表面以起到防水保护的作用。

(3) 如果墙体上喷涂的灰底中含有复粉，由于复粉受潮容易吸湿，例如空气中有水蒸气蒸发，便会鼓泡并出现大块剥落现象而破坏涂饰效果。因此，应当把灰底铲除，打磨平滑之后，再喷上防潮底漆和真石漆。

(4) 防潮底漆和水保护膜的干透时间为 60min；防水保护膜涂层应在真石漆干透后再喷涂，否则对原有色泽会有影响。晴天条件，外墙真石漆干透时间为 18～24h。

(二) 复层涂料施工

1. 施工工序

见表 5-6、表 5-7 中所列。

内墙复层涂料施工的主要工序 **表 5-6**

项次	工序名称	合成树脂乳液复层涂料	硅溶胶类复层涂料	水泥系复层涂料	反应固化型复层涂料
1	基层清扫	√	√	√	√
2	填补缝隙、局部刮腻子	√	√	√	√
3	磨平	√	√	√	√
4	第一遍满刮腻子	√	√	√	√
5	磨平	√	√	√	√
6	第二遍满刮腻子	√	√	√	√

续表

项次	工序名称	合成树脂乳液复层涂料	硅溶胶类复层涂料	水泥系复层涂料	反应固化型复层涂料
7	磨平	√	√	√	√
8	施涂封底涂料	√	√	√	√
9	施涂主层涂料	√	√	√	√
10	滚压	√	√	√	√
11	第一遍罩面涂料	√	√	√	√
12	第二遍罩面涂料	√	√	√	√

注：1. 如需要半球面点状造型时，可不进行滚压工序。

2. 水泥系主层涂料喷涂后，应先干燥12h，然后洒水养护24h，再干燥12h后，才能施涂罩面涂料。

外墙复层涂料工程施工的主要工序 **表5-7**

项次	工序名称	合成树脂乳液复层涂料	硅溶胶类复层涂料	水泥系复层涂料	反应固化型复层涂料
1	基层修补	√	√	√	√
2	清扫	√	√	√	√
3	填补缝隙、局部刮腻子	√	√	√	√
4	磨平	√	√	√	√
5	施涂封底涂料	√	√	√	√
6	施涂主层涂料	√	√	√	√
7	滚　压	√	√	√	√
8	第一遍罩面涂料	√	√	√	√
9	第二遍罩面涂料	√	√	√	√

注：1. 如需要半球面点状造型时，可不进行滚压工序。

2. 水泥系主层涂料喷涂后，应先干燥12h，然后洒水养护24h，才能施涂罩面涂料。

2. 操作要点

复层涂料品种较多，不同品种的复层涂料其施工操作有些不一样。但从总的施工要点来看是一致的，归纳起来有以下几方面：

（1）在混凝土及抹灰内墙表面施涂复层建筑涂料，应填补缝隙、局部刮腻子、两遍满刮腻子，每遍刮腻子应磨平。在混凝土及抹灰外墙面施涂复层涂料只需要填补缝隙、局部刮腻子、磨平即可。在石膏板、胶合板、纤维板的内墙和顶棚表面上施涂复层涂料，应进行板缝处理，局部刮腻子，两遍满刮腻子，每层刮腻子应磨平。

（2）封底涂料采用喷涂或刷涂方法，待其干燥后再喷涂主层涂料，主层涂料干燥后再喷涂两遍罩面涂料。若只涂一遍罩面涂料，易造成涂层不匀、遮盖不完全、颜色不一致等缺陷。有光涂料两遍才能达到光滑、光亮要求。

（3）喷涂主层涂料时，应控制好点状的大小，内墙面喷涂一般控制在5～15mm，外墙面喷涂一般控制在5～25mm，同时点状的疏密程度应均匀一致，不能出现一块密一块稀，这样会影响复层建筑涂料的装饰效果。

（4）水泥系主层涂料喷涂后，应先干燥12h，然后洒水养护24h，再干燥12h后，才能施涂罩面涂料。这是由于水泥是水硬性胶结材料，如不洒水养护一般时间，水泥达不到应有强度，主涂层易产生疏松现象，待施涂罩面涂料时，易将水泥点状刷掉，影响装饰效果。另一方面，由于主涂层疏松，影响主涂层与罩面层粘结强度，使罩面层易发生空鼓、开裂、剥落等现象，降低涂料施工质量。

（5）聚合物水泥系、反应固化型环氧树脂系复层涂料无封底涂料，在腻子磨平后即喷涂主层涂料。

（6）如需要半球面点状造型时，可不在主层涂料面上进行滚压工作。

（7）施涂罩面涂料时，不得有漏涂和流坠现象，待第一遍罩面涂料干燥后，才能施涂第二遍罩面涂料。

第三节　木材表面油漆涂饰技术

一、木材表面油漆常用品种

木材表面油漆属于溶剂型涂料。用油剂性涂料生成的涂膜细密坚韧，有一定的耐水性。常用的油漆品种有油脂漆、天然树脂漆、酚醛树脂漆、醇酸树脂漆、硝基漆、聚酯树脂漆、环氧树脂漆、聚氨酯树脂漆等。

按照溶剂型涂料的性质可分为混色油漆（又称混水油漆）和本色油漆（又称清水油漆）。

本色油漆是用透明的油漆来涂饰，形成涂膜后，透过涂膜可以看到被涂饰物体表面的材料及其纹理，能充分表现被涂饰物体材料的质感和纹理特点，自然、质朴、亲切。

混色油漆是用带有颜色的油漆来涂饰，形成的颜色涂膜将被涂饰物体表面完全涂盖，其颜色可以按人的愿望灵活运用，颜色种类多，丰富多彩，装饰效果强烈。装饰工程中的木制品主要指木制的家具、木地板、木墙裙、木吊顶、木装饰线等。这些木制品的表面一般均需进行油漆涂饰。

二、木材表面混色油漆施工

（一）表面处理

是将木材表面清理干净，将表面的油污、灰浆等用铲刀清除，用砂纸打磨；木制品制作中留下的木毛茬、木胶迹应磨掉、磨平，阴阳角处倒棱磨光；用油腻子将木材的裂缝、钉眼等缺陷嵌补填平。然后刷一遍底漆。底漆应选择浅色的干性油漆，一般多选择与面漆同性质的白漆，用配套的稀释剂调稀，底漆要刷涂得薄而均匀。待底漆自然风干后用1号木砂纸磨光，清扫并用湿布擦干净。对于局部补眼洞填补了腻子的地方也要涂干油底漆。

（二）施工工序

木材表面混色油漆的主要工序详见表5-8。

木材表面混色油漆施工的主要工序　　表5-8

项次	工序名称	普通级	中级	高级
1	清扫、起钉子、除油污等	√	√	√
2	铲去囊脂、修补平整	√	√	√
3	磨砂纸	√	√	√

续表

项次	工序名称	普通级	中级	高级
4	节疤处点漆片	√	√	√
5	干油性或带色干性油打底	√	√	√
6	局部刮腻子、磨光	√	√	√
7	腻子处涂干性油	√		
8	第一遍满刮腻子		√	√
9	磨 光		√	√
10	第二遍满刮腻子			√
11	磨 光			√
12	刷涂底层涂料		√	√
13	第一遍涂料	√	√	√
14	复补腻子	√	√	√
15	磨 光	√	√	√
16	湿布擦净		√	√
17	第二遍涂料	√	√	√
18	磨光（高级涂料用水砂纸）		√	√
19	湿布擦净		√	√
20	第三遍涂料		√	√

注：1. 高级涂料做退磨时，宜用醇酸树脂涂料刷涂，并根据涂膜厚度增加1～2遍涂料和退磨、打砂蜡、擦亮的工序。
2. 木地（楼）板刷涂料不得少于3遍。

（三）操作要点

（1）施工的气温不低于8℃，且其他装饰均已完工或暂停施工。室内应保持空气清洁，减少灰尘量，通风良好，光线充足。严禁吸烟，不能有火种。

（2）刷底漆时一般只需刷1～2遍白色或浅色油性漆。但如面漆较深时，应使用与面漆颜色相似的底漆，而不能涂白色底漆。

（3）用油腻子满刮大面时，一般刮两遍腻子要调稀些，用刮板刮平、刮光，待腻子干燥后用砂纸打磨，磨光后擦净。打磨时最好用专用砂纸板夹住砂纸打磨，或用规矩平整的木头作模块，将砂纸包在模块上打磨。不能用手拿着砂纸打磨，否则会因手用力不均磨出凹道或磨掉凹坑里填补好的腻子。

（4）喷涂油漆操作可参照喷涂的有关内容。若用刷涂，其开油、横油、斜油和理油都应按一定的顺序进行。如图5-7所示。

（5）上第一遍油漆，应将油漆搅匀，用漆刷蘸取漆液平行涂刷2～3道。然后纵横均匀地展开，顺着同一方向涂刷。开头和收尾要轻落轻起，使涂刷在衔接处的漆面均匀。由于油漆挥发较快，所以涂刷时动作要敏捷，使其无缕无节，避免出现刷节印。涂刷当中要经常搅拌油漆，以免沉淀造成颜色不一致。干燥后检查漆面涂刷情况，如发现不平处需复补腻子，可以用此种油漆掺入腻子调均刮补，待干后局部打磨，清扫并用湿布擦干净。

（6）第二遍油漆，应从外向内、从左至右、从上到下进行，涂刷要注意不流、不挂、

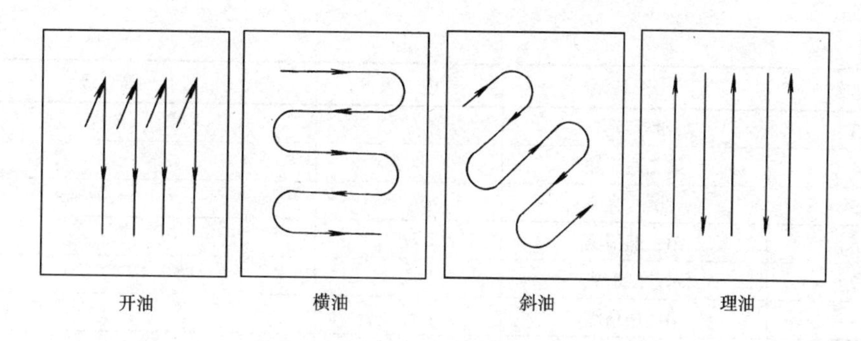

图 5-7 刷涂顺序

涂刷均匀、不得漏刷。待油漆完全干透后，用低于 280 号的砂纸打磨，将表面的颗粒疙瘩磨光。磨时用力要均匀，应将刷纹基本磨平。并注意棱角不能磨破。边磨边用布沾水擦去沫子。然后清扫施工面并用布擦净。

（7）第三遍的刷涂方法基本上与第二遍相同。第二遍能做到平整光滑，就能确保质量。第三遍作为面漆，施工中更要保证清洁，防止灰尘，涂刷时要一道挨一道，不可漏刷，也不能在一个地方反复涂刷。当油漆完全风干后可用 320～400 号水砂纸对个别存在颗粒的表面进行打磨，打磨后可用砂纸反复打磨，最后擦光上蜡。上蜡打光时涂擦要均匀，达到光泽饱满为止。

三、木材表面本色油漆施工

（一）表面处理

木材表面本色油漆的表面处理内容有脱脂、漂白、去木毛刺等。脱脂即将木材表面的油脂和胶渍用酒精、汽油或其他溶剂去除，树脂可用丙酮等溶剂和碱液清除；木材表面漂白，可用双氧水加氨水、草酸、3%浓度的次氯酸钠和漂白粉等进行处理；表面的毛刺用火燎法或润湿法处理。

（二）施工工序

木材表面本色油漆施工的主要工序详见表 5-9。

木材表面本色油漆施工的主要工序 **表 5-9**

项次	工序名称	中级	高级
1	清扫、起钉子、除去油污等	√	√
2	磨砂纸	√	√
3	润粉	√	√
4	磨砂纸	√	√
5	第一遍满刮腻子	√	√
6	磨光	√	√
7	第二遍满刮腻子		√
8	磨光		√
9	刷油色	√	√
10	第一遍清漆	√	√
11	拼色	√	√
12	复补腻子	√	√

续表

项 次	工序名称	中 级	高 级
13	磨 光	√	√
14	第二遍清漆	√	√
15	磨 光	√	√
16	第三遍清漆	√	√
17	木砂纸磨光		√
18	第四遍清漆		√
19	磨 光		√
20	第五遍清漆		√
21	退 磨		√
22	打砂蜡		√
23	打油蜡		√
24	擦 亮		√

（三）操作要点

1. 基层润粉、揩色

又称擦涂填孔料，是调整木质表面色泽的手段，对木纹深重、棕眼较大的木质必须进行润粉，否则在油饰过程中，因木质对油漆的吸附力不均匀，会产生表面细部不平现象，影响施工质量。润粉有油老粉和水老粉两种，其中都需加入颜料来调整粉子的颜色，在润粉过程中同时对木材表面的色泽进行调整。应将粉子调成比油饰面木材稍淡的颜色。水老粉，又称打粉子、揩色，它是由老粉、颜料、水等调配而成。

2. 调配水老粉

先将老粉和水放入容器内混合搅拌成糊状，随后再陆续加入其他颜料拌匀。被涂木材属粗纹孔时，水老粉可调得稠厚些，但太稠不易涂擦；被涂木材属细纹孔时，水老粉可调得稀些。

3. 油老粉

是由老粉、清油、松香水、煤油、颜料等调配而成。调配油老粉时，先将清油或油性清漆和老粉调合，并用松香水稀释，再加入颜料调匀而成。油老粉不易贮存，容易挥发结块，因此应计划调配，现用现配。润粉时，对于水老粉来说，因其中加入颜料后，着色力较强，揩擦是用不带色棉纱或毛巾进行的，揩擦时要仔细，先轻后重，使表面颜色均匀，尤其是在接口和榫接合处不能因润粉不均造成颜色深浅不一，所以细小处要随涂随擦，大面处要快涂快擦，一个面应一次擦完，不能分两次或几次擦完。对于润油老粉的操作和水粉相同，不过应在涂擦中来回反复揩擦，擦满大面和所有线、角，要使油粉擦满棕眼，覆盖凹纹，经过润油粉同样应保持表面色泽一致，涂擦过后应立即将残留在表面的浮粉擦掉。揩色就是擦水色，水色用染料配成水溶液，水色主要用于木制品透明涂饰，也可直接染色，对装饰质量要求高的木制品的透明涂饰，经底层润粉着色后，再用水色等进行涂层着色，这样能使底色得到加强、色泽更鲜艳，木纹清晰。水色一般由黄纳粉、黑纳粉、黑墨水、开水调配制成。

4. 调配水色

先按用量将黄纳粉或黑纳粉放在碗中，然后适当加水浸泡溶解，再加入黑墨水，搅拌后滤去杂质即可使用。揩色可使用细软刨花，无色棉丝等材料。揩色时，先用棉丝蘸着色料，涂于物面，可先进行圈擦，使色料充分吸入管孔和木质表面，趁颜色未干燥时，顺木纹抹擦，用力要均匀，操作应敏捷，不能把木纹管孔内的粉质揩掉，影响木制品表面的色泽均匀度。

5. 刮腻子

分为局部嵌补和全面刮批两种。用于局部嵌补时，腻子可调得稠厚，用于全面刮批时，腻子应调得稀软些。对于显露木纹的木制品不平处应填嵌适合使用的石膏清漆腻子。石膏清漆腻子是由清漆、石膏按 4～5:6 的重量配合比调制而成。润粉后，对整个油饰面先进行局部缺陷的填嵌，待干燥后用砂纸磨平打光，然后对大面进行批刮。刮腻子时，要用力按刮板，使刮板夹带腻子运动，并与物面保持 45°～60°的角度，刮腻子只能往返来回刮 1～2 次，不能反复多次刮涂，否则会将腻子中的油分挤压到腻子的表面，堵死毛细孔，使腻子不能吸入空气而造成长久不干燥。刮腻子时用力要均匀，油性腻子一次涂刮厚度不应大于 0.5mm，第一层腻子不要调得过稀，在填平大凹的地方要酌量多加些石膏粉等填料，可根据被油饰面的不同要求确定刮腻子的次数，每遍腻子干透后用砂纸打磨，再刮下道腻子。最后用细砂纸磨平，擦去浮灰。用砂纸打磨腻子，常用 0～1/2 号木砂纸，磨平、磨光即可。

6. 刷漆

可根据饰面的要求、装修档次及清漆的种类决定油漆的遍数。作为室内房间装饰的油饰最少应刷 3～5 遍。家具油饰还应多刷，才能确保油饰的质量。在头遍油漆后对被油饰面还应进行拼色或复补腻子，对整体可做进一步调整，在各遍油饰之间可对漆膜打磨修平，使下一遍油漆光亮丰满。

7. 油漆的刷涂

一般按先难后易、先里后外、先横后坚、先左后右、先上后下、先边后面、从前到后的顺序进行。用漆刷蘸油漆于刷子的 2/3 左右，在漆桶边缘刮去外表面清漆，以免举刷过程中漆液下流，然后直刷到被油饰面上。在刷大面时，每条涂油一般间隔 50mm 左右，涂上油漆后，漆刷不再蘸油漆，可将直条的油漆向横向和斜向用力拉开刷匀，再顺着木纹或一个方向进行竖刷，以刷涂接痕，待大面积刷匀刷齐后，将漆刷上的余漆在漆桶边上刮干净，用漆刷毛尖轻轻地在漆面上理顺一遍。刷涂垂直表面时，最后一遍油漆应由上向下进行，也应顺着木材的纹理进行。油饰水平表面时，最后一遍涂应按光线照射的方向进行，并刷除边缘棱角上的流漆，使漆膜薄厚均匀，平滑光亮。在大面积的油饰施工中，可选择喷涂操作。喷较稀的漆料，喷枪压力控制在 1.5kg/cm^2 左右；喷较稠的漆料，压力在 3～5 kg/cm^2，喷嘴与涂饰面的距离一般以 25～40cm 为宜，喷出漆流的方向，应当尽量垂直于被涂饰面，漆流的覆盖才能均匀。喷涂中的移动速度应均速进行，不可停顿。每一喷涂幅面的边缘，应当在前面喷好的幅面边缘上重叠 1/3 左右。喷涂一般先纵向喷涂一次，再横向喷涂一次，或先横向后纵向，纵横喷涂后算一遍，一遍干燥后才进行第二遍喷涂，以免喷漆过厚产生流淌。喷涂应先从一边开始，一道紧挨一道，不应漏喷。

8. 打砂纸

又称砂磨，主要是对漆膜进行修整。漆膜表面一般用 0～1 号木砂纸顺木纹方向打磨，将留在漆膜上的刷毛、木毛、杂质等全部磨掉，油饰面上的棱角、线条等处，要轻轻地打磨，否则很容易将漆膜完全磨掉，遇到有凹凸线条时，可适当运用横磨和直磨交叉进行的方法，试探性地轻轻打磨，切忌打磨时出现较重的砂痕，而且在打磨时，不能使用粗砂纸或太锋利的砂纸，以免损坏漆膜，前功尽弃。某些漆料的漆膜比较硬，难以用细木砂纸打磨，如聚氨酯漆，丙烯酸漆等。还有些油漆如硝基漆等热塑性涂料，用砂纸干磨，摩擦发热会引起漆膜软化而损坏，这时要用水砂纸进行湿磨，湿磨底漆一般用280～320号水砂纸。湿磨面漆一般用360～500号水砂纸。湿磨前，先将水砂纸放在水中浸软，然后打磨。对最后面漆的打磨，应选用较细砂纸包在布块外面，沾肥皂水在漆膜上打磨，也可将肥皂水洒在漆膜上湿磨，这种打磨方法，可以扩大打磨的面积也便于用力。湿磨时，一般先进行圈磨或斜磨，最后按一定方向顺木纹打磨，使整个油饰面光滑平整。

9．抛光

主要是对砂磨后的漆膜进行修饰，经过抛光的漆膜，色质丰润、光泽明亮。上光蜡是最为常用的抛光材料，先将上光蜡涂抹在被抛光物表面。然后用干净的软布用力揩擦，揩擦的面积由小到大，不要在局部作较长时间的揩擦，可在大面积上做循环揩擦，使漆膜出现光泽。若漆膜仍不够细腻可换用绒布再反复进行抛光，直到满意为止。对于亚光漆需要进行抛光，主要是使之达到漆膜的细腻，从视感和触感上达到满意。

第四节　涂料工程的质量标准与验收方法

一、内外墙薄涂料工程的质量标准和验收方法

除符合设计要求外，详见表5-10。

薄涂料涂层质量和检验方法　　**表5-10**

项次	项　目	普通涂饰	高级涂饰	检验方法
1	反碱、咬色	不允许	不允许	观察
2	流坠、疙瘩	允许轻微少量	不允许	观察
3	颜色、刷纹	颜色一致，允许轻微少量沙眼，刷纹通顺	颜色一致，无沙眼，无刷纹	观察
4	装饰线、分色线平直偏差限值（mm）	±2	±1	拉5m线检查，不足5m拉通线检查

二、内外墙厚涂料、复层涂料工程的质量标准和验收方法

除符合设计要求外；详见表5-11。

厚涂料层质量和检验方法　　**表5-11**

项　次	项　目	普通涂饰	高级涂饰	检验方法
1	反碱、咬色	允许轻微少量	不允许	观察
2	颜色、质感	颜色一致，疏密均匀	颜色一致，疏密均匀	

复层涂料涂层质量和检验方法 表 5-12

项次	项目	质量要求	检验方法
1	反碱、咬色	不允许	观察
2	质感	疏密均匀，不允许有连片现象	
3	颜色	颜色一致	

三、木材表面油漆工程的质量标准和验收方法

木材混色油漆涂层质量和检验方法见表 5-13 所列。

木材混色油漆涂层质量和检验方法 表 5-13

项次	项目	普通涂饰	高级涂饰	检验方法
1	透底、流坠、皱皮	明显处不许	不允许	观察
2	光泽、光滑	光泽和光滑均匀一致	光泽足，光滑无挡手感	观察、手摸
3	分色表棱	明显处不允许	不允许	观察、尺量
4	装饰线、分色线平直	±2	±1	拉 5m 线检查，不足 5m 拉通线检查
5	颜色、刷纹	颜色一致，刷纹通顺	颜色一致，无刷纹	观察

注：施涂无光色漆，不检查光泽。

木材本色油漆涂层质量和检验方法见表 5-14 中所列。

木材本色油漆涂层质量和检验方法 表 5-14

项次	项目	普通涂饰	高级涂饰	检验方法
1	木纹	棕眼刮平、木纹清楚	棕眼刮平，木纹清楚	观察
2	光亮和光滑	光亮足、光滑	光亮柔和、光滑无挡手感	观察、手摸
3	表棱、流坠、皱皮	明显处不允许	不允许	观察
4	颜色、刷纹	颜色基本一致，无刷纹	颜色一致，无刷纹	观察

思考题与习题

5-1 滚涂 $10m^2$ 内墙乳胶漆或大白浆。

5-2 刷涂 $5\sim8m^2$ 木材表面混色调和漆。

5-3 喷涂 $5\sim8m^2$ 木材表面聚氨酯清漆。

第六章　裱糊饰面工程

裱糊饰面工程简称“裱糊工程”，是指将软质饰面装饰材料等用胶粘剂粘贴到平整基体上的一种施工工艺。常见的裱糊材料有壁纸、墙布、皮革、人造革、锦缎、微薄木等。它具有色泽丰富、图案变化多样、美观耐用、施工方便的优点，还具有良好的吸声、隔热、防霉、耐水等多种功能，具有较好的实用性。适用于室内的墙、顶棚、柱和其他构件表面。

第一节　裱糊饰面材料及工具

一、常用的饰面材料

(1) 纸基涂塑壁纸。纸基涂塑壁纸又称为“普通壁纸”，是以纸为基层，用高分子乳液涂布面层，经印花、压纹等工序制成的一种墙面装饰材料。它具有防水、耐磨、透气性良好，颜色、花型、质感丰富等优点，而且使用方便，操作简单，工效高，成本低，工期短。

(2) 塑料壁纸。塑料壁纸又称“聚氯乙烯塑料壁纸”，是以纸为底层，以聚氯乙烯塑料薄膜为面层，经复合、印花、压花等工序而制成的一种墙面装饰材料。有浮雕壁纸、发泡壁纸、压花壁纸等，适用范围广，美观大方，强度好，表面不吸水，可以擦洗，施工方便。

(3) 玻璃纤维贴墙布。玻璃纤维贴墙布是以玻璃纤维布为基材，表面涂以耐磨树脂、印上彩色图案而制成的。它色彩鲜艳，花色繁多，室内使用不褪色、不老化，防火、防潮性强，可洗刷，施工简单、粘贴方便。

(4) 无纺贴墙布。无纺贴墙布是采用棉、麻等天然纤维或涤、腈纶等合成纤维，经过无纺成型、上树脂、印制彩色花纹而成的一种贴墙材料。它具有挺括、富有弹性、不易折断、纤维不老化、不散失、对皮肤无刺激作用、色彩鲜艳、图案雅致、粘贴方便等特点，同时还具有一定的透气性和防潮性，可擦洗而不褪色。

(5) 丝绒、织锦缎饰面。丝绒和织锦缎饰面是一种高级墙面装饰材料，色彩绚丽、质感温暖、古雅精致、色泽自然逼真，适用于室内高级饰面裱糊。但这类材料比较柔软、易变形、不耐脏、不能擦洗，在潮湿环境中还会霉变，故应用较少。

(6) 皮革、人造革饰面。皮革与人造革饰面是一种高级墙面装饰材料，格调高雅，质地柔软，保温，耐磨，易清洁，并且有吸声、消震特性。

(7) 微薄木饰面。微薄木是由天然名贵木材经机械旋转切削加工而成的薄木片，厚度只有1mm。它具有厚薄均匀、木纹清晰、材质优良等特点，并且保持了天然木材的真实质感，表面可以着色，涂刷各种油漆。

(8) 金属壁纸。金属壁纸是一种在基层上涂布金属膜制成的壁纸。它具有不锈钢面、黄铜面等金属质感与光泽，有金壁辉煌、庄重大方之感。由于价格较贵，一般用于高级建筑装饰工程中。

壁纸、墙布的品种繁多，要根据建筑物的用途、保养条件、功能要求、造价、风俗习惯、个人性格等方面综合考虑，从品种、图案和色彩三个方面进行合理选择。

二、胶粘剂

常用的胶粘剂有801胶、聚醋酸乙烯胶粘剂（白乳胶）、SG8104胶、粉末壁纸胶等。胶粘剂应与饰面材料配套使用，防止两者发生不良化学反应，影响饰面材料的正常使用。

801胶无臭、无毒、无味，具有良好的粘结性能，用途广泛，既可作为塑料壁纸、玻璃纤维布与墙面的胶粘剂，又可作为抹灰工程、涂料工程中的胶粘剂。白乳胶可在常温固化，配制使用方便，固化较快，粘结强度较高，粘贴层具有较好的韧性和耐久性，不易老化，广泛用于粘贴纸制品、木材、水泥增强剂、防水涂料等。SG8104胶和粉末壁纸胶用于粘贴纸基壁料壁纸。

三、常用工具

裱糊工程常用的工具有活动裁纸刀、薄钢片刮板、胶皮刮板、塑料刮板、铝合金直尺、胶辊、裁纸案台、钢卷尺、剪刀、水平尺、粉线包、排笔、板刷、注射用针管及针头、软布、毛巾等。

第二节　壁纸的裱糊方法

一、施工工序

壁纸是用胶粘剂裱糊在抹灰基层、木基层、仿瓷涂料基层等墙面或顶棚面上的，裱糊施工的主要工序见表6-1。

裱糊施工的主要工序　　**表6-1**

项次	工序名称	抹灰面混凝土				石膏板面				木料面			
		复合壁纸	PVC壁纸	墙布	带背胶壁纸	复合壁纸	PVC壁纸	墙布	带背胶壁纸	复合壁纸	PVC壁纸	墙布	带背胶壁纸
1	清扫基层、填补缝隙、磨砂纸	√	√	√	√	√	√	√	√	√	√	√	√
2	接缝处糊条					√	√	√	√	√	√	√	√
3	找补腻子、磨砂纸					√	√	√	√	√	√	√	√
4	满刮腻子、磨平	√	√	√	√								
5	涂刷涂料一遍									√	√	√	√
6	涂刷底胶一遍	√	√	√	√	√	√	√	√				
7	墙面画准线	√	√	√	√	√	√	√	√	√	√	√	√
8	壁纸浸水润湿		√		√		√		√		√		√
9	壁纸涂刷胶粘剂	√	√			√	√			√	√		
10	基层涂刷胶粘剂	√	√	√		√	√	√		√	√	√	

续表

项次	工序名称	抹灰面混凝土				石膏板面				木料面			
		复合壁纸	PVC壁纸	墙布	带背胶壁纸	复合壁纸	PVC壁纸	墙布	带背胶壁纸	复合壁纸	PVC壁纸	墙布	带背胶壁纸
11	纸上墙、裱糊	√	√	√	√	√	√	√	√	√	√	√	√
12	接缝、搭接、对花	√	√	√	√	√	√	√	√	√	√	√	√
13	赶压胶粘剂、气泡	√	√	√	√	√	√	√	√	√	√	√	√
14	裁　边		√				√				√		
15	擦净挤出的胶液	√	√	√	√	√	√	√	√	√	√	√	√
16	清理修整	√	√	√	√	√	√	√	√	√	√	√	√

注：1. 表中“√”号表示应进行的工序。

2. 不同材料的基层相接处应糊条。

3. 混凝土表面和抹灰表面必要时可增加满刮腻子遍数。

4. “裁边”工序，在使用宽为920mm、1000mm、1100mm等需重叠对花的PVC压延壁纸时进行。

二、操作要点

(一) 基层处理

裱糊壁纸的基层必须有一定的强度、平整度和一定的含水率，要求坚实牢固，表面平整光洁，不疏松起皮、掉粉，无砂粒、孔洞、麻点和飞刺，污垢和尘土应消除干净，表面颜色要一致。墙面干燥，抹灰基层含水率不大于8%，木材基层含水率不大于12%。表面有孔洞应用原砂浆预先填平，对于小麻面、裂缝等可用腻子找平，干后用砂纸磨平。

裱糊壁纸的基层表面为了达到平整光滑、颜色一致的要求，应视基层的实际情况，采取局部刮腻子、满刮一遍腻子或满刮两遍腻子处理。常用乳胶腻子和油性腻子，其配合比为：

(1) 乳胶腻子。白乳胶:滑石粉:羧甲基纤维素（2%溶液）=1:10:2.5或白乳胶:石膏粉:羧甲基纤维素（2%溶液）=1:6:0.6。

(2) 油性腻子。石膏粉:熟桐油:清漆（酚醛）=10:1:2或老粉:熟桐油:松节油=10:2:1。

涂刷底胶或涂料一遍。为了防止基层吸水太快，引起胶粘剂脱水过快而影响壁纸粘结效果，应满涂底胶（抹灰面）或涂料（木料面）一遍，它同时还起着封闭基层、防止腻子老化、加强平整度的作用。底胶干后才能开始裱糊。

(二) 弹线、预排

为使壁纸裱糊时边线水平和垂直、花纹图案纵横连贯一致，应先用粉线包（注意粉线应与基层同色）弹垂直线或水平线。壁纸水平裱贴时，弹水平线；竖向裱贴时，弹垂直线。按壁纸的标准宽度找规矩，将窄条纸的裁切边留在阴角处。弹线越细越好，防止贴斜。为使壁纸花纹对称，应先弹好墙面中线，再往两边分线。壁纸粘贴前，应先预拼试贴，观察其接缝效果，准确地决定裁纸边缘尺寸及对好花纹、花饰。

(三) 裁剪

根据弹线找规矩的实际尺寸统筹规划裁纸，并编上号，以便按顺序粘贴。裁纸时，以上口为准，下口可比规定尺寸略长1～2cm。如果是带花饰的壁纸，应先将上口的花饰全部对好。要特别小心纸的裁割，不得错位，尺子压紧壁纸后不得再移动，刀刃贴紧尺边，一气呵成，中间不得停顿或变换持刀角度，手劲要均匀。

（四）润纸

如饰面材料遇水发生湿胀变形，事先应将其作浸水或润水处理。一般地，塑料壁纸和金属壁纸需作浸水处理；复合壁纸、墙布作润水处理，润水时可用吸水后的海绵在背面擦上几遍，晾干后使用；有些饰面材料无需浸水或润水。

壁料壁纸遇水或胶水，开始自由膨胀，约5～10min胀足，干后自行收缩，其幅宽方向的膨胀率为0.5%～1.2%，收缩率为0.2%～0.8%。因此，必须将其在水槽中浸泡几分钟，然后把多余的水抖掉，静置约20min，然后再裱糊。这样，纸能充分胀开，粘贴到基层表面上后，随着水分的蒸发而收缩、绷紧，即使裱糊时有少量气泡，干后也会自行平伏。

（五）涂刷胶粘剂

在裱贴的基体表面涂刷胶粘剂，刷胶的宽度略大于饰面材料幅宽约30mm，涂刷时要均匀。在裱贴材料（复合壁纸和塑料壁纸）的背面刷胶，以提高饰面材料的初始粘结力，但墙布及壁毡的背面不刷胶，以免污染正面。带背胶的壁纸，不须刷胶，可浸水后直接裱贴于墙上。

为了有足够的操作时间，壁纸背面和基层表面要同时刷胶。胶粘剂要集中调制，并通过每平方厘米400孔的筛子过滤，除去胶中的疙瘩和杂物。调制后，应当日用完。涂刷要薄而均匀，不裹边，不宜过多、过厚或起堆，以防裱贴时胶液溢出而污染壁纸；也不可刷得过少，不可漏刷。

（六）裱贴

裱贴壁纸时要先垂直面后水平面，先细部后大面，裱贴的顺序为从垂直线起至阴角处收口，先上后下、先高后低，上端不留余量，包角压实。上墙的壁纸要注意纸幅垂直，先拼缝，对花形，拼缝到底压实后再刮大面。

相邻壁纸（塑料壁纸）在接缝处若无拼花要求时，可在接缝处使两幅材料重叠20mm，用直钢尺压在搭接宽度的中部，再用裁纸刀沿直钢尺进行裁切。裁切时应避免重割，尽量一下切到头。然后将裁切后多余的部分揭去，如图6-1所示。若有拼花要求时，则采取两幅壁纸花纹重叠，对好花，再用与前面相同的办法进行裁切。割切去余纸后，对准纸缝粘贴。为防止使用时碰蹭，使壁纸开胶，在阳角或阴角处不能在角上有接缝，而应使壁纸绕过阴阳角不小于20mm处进行搭接，搭接宽度不宜过长，一般不超过12mm，也不小于5mm。阳角处的搭接宜正面壁纸裱在外面，侧面的贴在里面；阴角处应是转角壁纸贴在里面，而非转角壁纸贴在外面，如图6-2所示。

裱糊拼缝对齐后，用薄钢片刮板或胶皮刮板由上而下抹刮（较厚的壁纸必须用胶辊滚压），再由拼缝开始按向外向下的顺序刮平压实，多余的胶粘剂挤出纸边，及时用湿毛巾抹去，以整洁为准，并要使壁纸与顶棚和角线交接处平直美观，斜视时无胶痕，表面颜色一致，如图6-3所示。对于发泡壁纸、复合壁纸、植绒壁纸、金属壁纸等表面易刮伤的饰面材料，不能用塑料刮板等硬件赶平压实，只能用海绵或软布进行赶平。

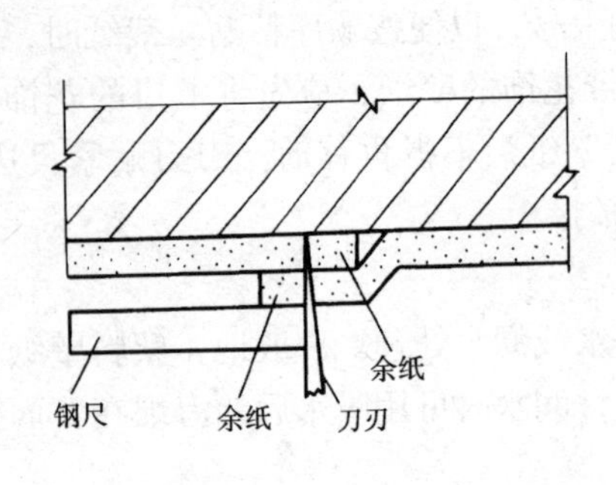

图 6-1　接缝处理

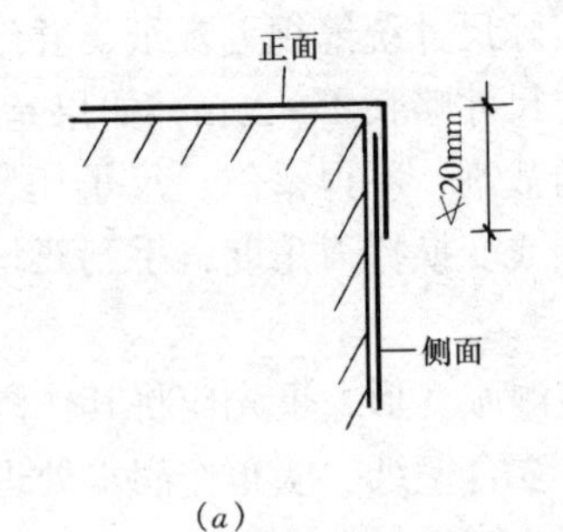

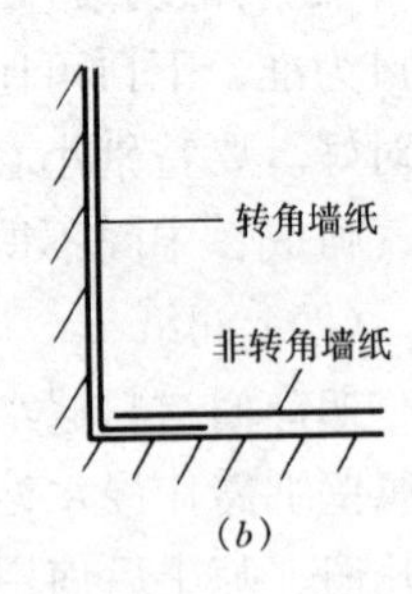

图 6-2　阴阳角处理

(a) 阳角；(b) 阴角

壁纸在裱贴时，如遇有突出墙面的物品，应沿物品的四周裁切，并将与物品四周相交的壁纸压实，使其与物品的接缝平顺，四周不得有缝隙。壁纸与挂镜线、贴脸和踢脚板接合处，也应紧接，不得有缝隙，以使接缝严密美观。

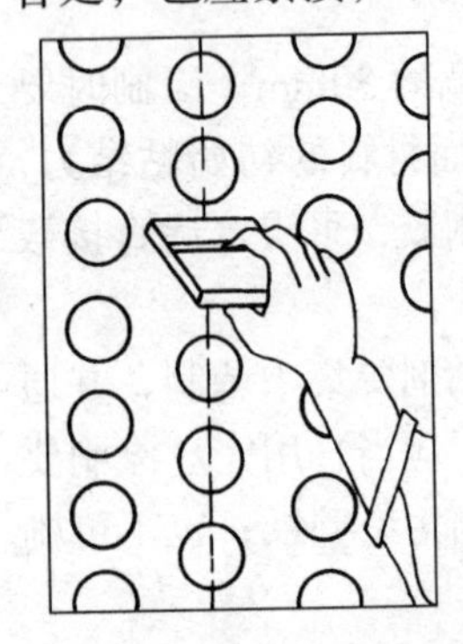

图 6-3　刮平压实示意

（七）修整

壁纸上墙后，若发现局部不合质量要求，应及时采取补救措施。如纸面出现皱纹、死折时，应趁壁纸未干，用湿毛巾轻拭纸面，使壁纸湿润，用手慢慢将壁纸舒平。待无皱折时，再用橡胶滚或胶皮刮板赶压平整。如壁纸已干结，则要将壁纸撕下，把基层清理干净后，再重新裱糊。

如果已贴好的壁纸边缘脱胶而卷翘起来，即产生张嘴现象时，要将翘边壁纸翻起，检查产生的原因，属于基层有污物者，应清理干净，补刷胶液粘牢；属于胶粘剂胶性小的，应换用胶性较大的胶粘剂粘贴；如果壁纸翘边已坚硬，应使用粘结力较强的胶粘剂粘贴，还应加压粘牢粘实。

如果已贴好的壁纸出现接缝不垂直，花纹未对齐时，应及时将裱糊的壁纸铲除干净，重新裱糊。对于轻微的离缝或亏纸现象，可用与壁纸颜色相同的乳胶漆点描在缝隙内，漆膜干后一般不易显露。较严重的部位，可用相同的壁纸补贴，不得看出补贴痕迹。

如纸面出现气泡，可用注射针管将气抽出，再注射胶液贴平贴实。也可用刀在气泡表面切开，挤出气体用胶粘剂压实。若鼓包内胶粘剂聚集，则用刀开口后将多余胶粘剂刮去压实即可。对于施工中碰撞损坏的壁纸，可采取挖空填补的办法，将损坏的部分割去，然后按形状和大小，对好花纹补上，要求补后不留痕迹。

第三节　裱糊工程的质量标准和检验方法

一、一般规定

1. 检验批

同一品种的裱糊工程每 50 间（大面积房间和走廊按施工面积 $30m^2$ 为一间）划分为一个检验批，不足 50 间也划分为一个检验批。

2. 检查数量

每个检验批应至少抽查10%，并不得少于3间，不足3间时应全数检查。

3. 裱糊前，基层处理应达到下列要求

（1）新建筑物的混凝土或抹灰基层墙面刮腻子前应涂刷抗碱封闭底漆。

（2）旧墙面在裱糊前应清除疏松的旧装修层，并涂刷界面处理剂。

（3）混凝土或抹灰基层含水率不得大于8%；木材基层的含水率不得大于12%。

（4）基层腻子应平整、坚实、牢固，无粉化、起皮和裂缝；腻子的粘结强度不得小于0.3MPa。

（5）基层表面平整度、立面垂直度及阴阳角方正应达到一般抹灰中高级抹灰的要求。

（6）基层表面颜色应一致。

（7）裱糊前应用封闭底胶涂刷基层。

二、裱糊工程的质量标准和检验方法

（1）壁纸、墙面的种类、规格、图案、颜色和燃烧性能等级必须符合设计要求及国家现行标准的有关规定。

检验方法：观察；检查产品合格证、进场验收记录和性能检测报告。

（2）裱糊后各幅拼接应横平竖直，拼接处花纹、图案应吻合，不离缝，不搭接，不显拼缝。

检验方法：观察；拼缝检查要距离墙面1.5m处正视。

（3）壁纸、墙布应粘贴牢固，不得有漏贴、补贴、脱层、空鼓和翘边。

检验方法：观察；手摸检查。

（4）裱糊后的壁纸、墙布表面应平整，色泽应一致，不得有波纹起伏、气泡、裂缝、皱折及斑污，斜视时应无胶痕。

检验方法：观察；手摸检查。

（5）复合压花壁纸的压痕及发泡壁纸的发泡层应无损坏。

检验方法：观察。

（6）壁纸、墙布与各种装饰线、设备线盒应交接严密。

检验方法：观察。

（7）壁纸、墙布边缘应平直整齐，不得有纸毛、飞刺。

检验方法：观察。

（8）壁纸、墙布阴角处搭接应顺光，阳角处应无接缝。

检验方法：观察。

思考题与习题

6-1 裱糊工程中，常用的饰面材料有哪些？

6-2 裱糊工程中，对基层有哪些要求？

6-3 裱糊 $10m^2$ 左右的壁纸（对花或不对花）。

第七章 楼地面装饰工程

楼地面是对楼层地面和底层地面的总称。它是建筑工程中的一个重要部位，直接承受荷载，经常受到摩擦、挤压、清扫，因此，楼地面除了要美观、舒适，还要符合人们使用上、功能上的要求。

第一节 概 述

一、楼地面的组成

楼地面一般由基层、垫层和面层三部分组成。

（一）基层

基层是楼地面的承重部分，承受面层传来的各种使用荷载及结构自重，要求该层应坚固稳定，具有足够刚性，以保证安全与正常使用。底层地坪的基层多为夯实的回填土，楼面的基层一般是现浇或预制钢筋混凝土楼板。

（二）垫层

垫层位于基层与面层之间，其作用是将上部的各种荷载均匀地传给基层，楼面的垫层还起着隔音和找平或找坡的作用。垫层按材料性质的不同，分为刚性垫层和非刚性垫层两种。刚性垫层有足够的整体刚度，受力后不产生塑性变形，如低强度等级混凝土、碎砖三合土等；非刚性垫层一般由松散的材料组成，无整体刚度，受力后会产生塑性变形，如砂、碎石、矿渣、灰土等，具有较好的保温隔热性能及弹性。

（三）面层

面层是楼地面的最上层，也是表面层，它直接承受各种物理、化学因素的作用，有水泥砂浆面层、木地板面层、水磨石面层等。根据房屋的使用要求不同，对面层的要求也不相同，但一般要求具有一定的坚固性和耐磨性；表面平整，易于清扫，行走时不起灰；有一定的弹性和较小的导热性；并要求做到适用、经济、就地取材和施工方便。

二、楼地面的分类

(1) 按面层材料不同，楼地面可分为水泥砂浆、细石混凝土、水磨石、马赛克、地砖、木地板、大理石、地毯等类型。

(2) 按面层结构不同，楼地面可分为整体地面、板块地面、木质地面、涂料地面、卷材地面等类型。

三、楼地面的基层处理

(1) 抄平弹线，统一标高。检查各个房间的地面标高，并将统一水平标高线弹在各间墙面上，离地面 50cm 处。

(2) 地漏周围用水泥砂浆或细石混凝土稳固、堵严；穿过地面的立管加套管，并用膨胀性水泥或细石混凝土将套管四周填塞；检查预埋件、预留孔洞的位置、尺寸是否符合设计要求等。

(3) 楼面的基层是楼板。楼板要清除浮灰、油渍、杂质，光滑面要凿毛，使基层表面达到粗糙、洁净而湿润。通常在楼地面上做 30～50mm 厚的 C20 细石混凝土找平和板面清理工作。

(4) 地面的基层多为回填土。填土应采用素土分层夯实，淤泥、腐植土、冻土、耕植土、膨胀土和有机含量大于 8% 的土均不得作地面下的填土用，土块的粒径不得大于 50mm。每层虚铺厚度，用机械压实不应大于 300mm，用人工夯实不应大于 200mm，每层夯实后的干密度应符合设计要求。回填土的含水率应按照最佳含水率适当控制，太干的土要洒水湿润，太湿的土应等干后使用。用碎石、碎砖填铺时，直径应为 40～60mm，根据要求可采用机械夯打或压实。

第二节 整体楼地面

整体式楼地面的面层无接缝，它可以通过加工处理，获得丰富的装饰效果，一般造价较低，施工简便。它包括水泥砂浆楼地面、现浇水磨石楼地面等。

一、水泥砂浆楼地面

水泥砂浆楼地面是应用最普及、最广泛的一种地面做法，是直接在混凝土垫层或水泥砂浆找平层上施工的一种传统整体楼地面。它具有经济、施工方便等优点，但不耐磨，易起砂、起灰。面层厚度一般为 15～20mm，其构造做法见图 7-1。

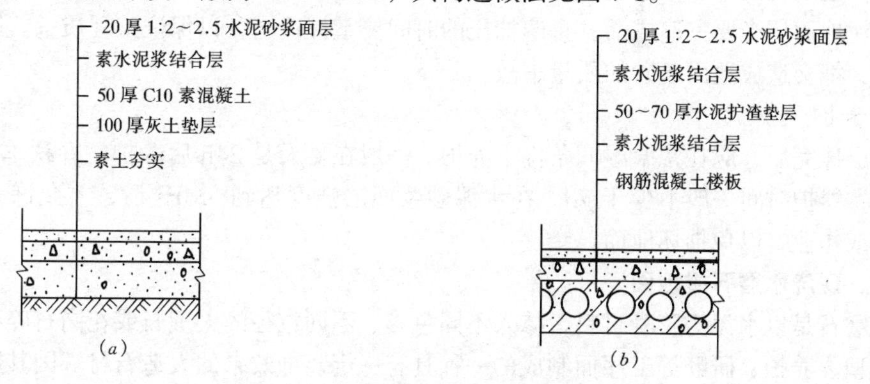

图 7-1 水泥砂浆楼地面

(a) 水泥砂浆地面；(b) 水泥砂浆楼面

水泥砂浆面层所用水泥，应优先采用硅配盐水泥或普通水泥，强度等级不得低于 32.5R。砂应采用中、粗砂，含泥量不得大于 3%。配合比不低于 1:2，水灰比为 0.3～0.4。

水泥砂浆楼地面面层施工方法如下：

1. 找规矩

先在四周墙面上弹出一道离地约 50cm 的水平基准线。根据水平基准线再把楼地面面层上皮的水平辅助基准线在四周墙面上弹出。面积不大的房间，可根据水平辅助基准线直接用长木杠抹标筋，施工中进行几次复尺即可。面积较大的房间，应根据水平辅助基准线，在四周墙角处每隔 1.5～2.0m 用 1:2 水泥砂浆抹标志块，标志块的大小一般是 8～

10cm 见方。待标志块硬结后，再以标志块的高度做出纵横两个方向通长的标筋以控制面层的厚度。标筋一般用 1:2 水泥砂浆，宽度一般为 8～10cm。做标筋时，要注意控制面层厚度，面层的厚度应与门框的锯口线吻合。

对于厨房、浴室、厕所等房间的地面，必须将流水坡度找好；有地漏的房间，要在地漏四周找出不小于 5% 的泛水，并要弹好水平线，避免地面“倒流水”或积水。抄平时要注意各室内地面与走廊高度的关系。

2. 抹面层水泥砂浆

铺抹前，先将基层浇水湿润，第二天先刷一道水灰比为 0.4～0.5 的素水泥浆结合层，随即进行面层铺抹。如果水泥素浆结合层过早涂刷，则起不到基层和面层两者粘结的作用，反而易造成地面空鼓，所以，一定要随刷随抹。

地面面层的铺抹方法是在标筋之间铺砂浆，随铺随用木抹子拍实，用短木杠按标筋标高刮平。刮时要从房间由里往外刮到门口，符合门框锯口线标高，然后再用木抹子搓平，并用钢皮抹子紧跟着压第一遍。要压得轻一些，使抹子纹浅一些，以压光后表面不出现水纹为宜。

当水泥砂浆开始初凝时，即人踩上去有脚印但不塌陷，即可开始用钢皮抹子压第二遍。要压实、压光、不漏压，把死坑、砂眼和踩的脚印都压平。第二遍压光最重要，表面要清除气泡、孔隙，做到平整光滑。等到水泥砂浆终凝前，人踩上去有细微脚印，抹子抹上去不再有抹子纹时，再用铁皮抹子压第三遍。抹压时用劲要稍大些，并把第二遍留下的抹子纹、毛细孔压平、压实、压光。

水泥地面压光要三遍成活，每遍抹压的时间要掌握适当，以保证工程质量。压光过早或过迟，都会造成地面起砂的质量事故。

3. 养护

面层抹完后，应在常温湿润条件下养护。一般在夏天是 24h 后养护，春秋季应在 48h 后养护，养护时间一般不少于 7d。在水泥砂浆面层强度达到 5MPa 后，才允许人在地面上行走或作业，以免损坏地面。

二、现浇水磨石楼地面

水磨石是以水泥为胶凝材料，掺入不同色彩、不同粒径的大理石或花岗石碎石，经搅拌、成型、养护、研磨等工序而制成的一种具有一定装饰效果的人造石材。因其原材料来源丰富、坚固耐用、表面平整光洁、色彩丰富、图案组合多样、价格较低等优点，获得了较为广泛的应用。

水磨石面层所用水泥的强度等级不宜低于 42.5R，石粒应采用质地密实、磨面光亮但硬度不高的大理石、白云石、方解石或硬度较高的花岗岩、玄武岩、辉绿岩等。石粒中不得含有风化颗粒和草屑、泥块、砂粒等杂质。各种石粒应按不同的品种、规格、颜色分别存放，切不可互相混杂，使用时按适当比例配合。掺入水泥拌合物中的颜料用量不应大于水泥重量的 12%。分格条要求平整，厚度均匀。常用分格条有铜条、铝条和玻璃条三种，还有不锈钢、硬质聚氯乙烯制品。其中铜分格条装饰效果与耐久性最好。现浇水磨石楼地面的构造做法见图 7-2。

现浇水磨石楼地面面层一般在完成顶棚、墙面抹灰后施工，其工艺流程为：基层清理→浇水冲洗湿润→设置标筋→做水泥砂浆找平层→养护→弹线、镶嵌分格条→铺抹水泥石

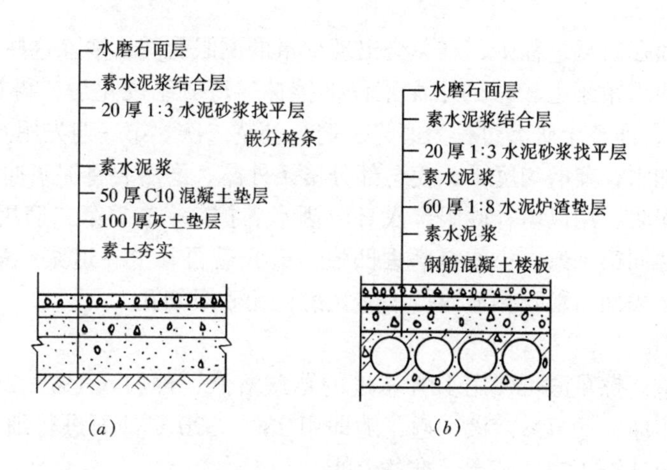

图7-2　水磨石楼地面
(a) 现浇水磨石地面；(b) 现浇水磨石楼面

粒浆面层→养护初试磨→第一遍磨平浆面并养护→第二遍磨平磨光浆面并养护→第三遍磨光并养护→酸洗打蜡。

水磨石楼地面面层施工方法如下：

1. 弹线并嵌分格条

铺水泥砂浆找平层2～3天后，即可进行嵌条分格工作。先在找平层上按设计要求弹上纵横垂直水平线或图案分格墨线，然后按墨线固定铜条或玻璃条，作为铺设面层的标志。嵌条时，用木条顺线找齐，将嵌条紧靠在木条边上，用素水泥浆涂抹嵌条的一边，先稳好一面，然后再拿开木条，在嵌条的另一边涂抹水泥浆。在分格条下的水泥浆形成八字角，如图7-3所示。分格条粘嵌好后，经24h即可洒水养护，一般养护3～5d。

2. 铺抹水泥石粒浆面层

粘嵌分格条的素水泥浆硬化后，铺面层水泥石粒浆。先清除积水浮砂，刷素水泥浆一道，随刷随铺设面层水泥石粒浆。石粒浆应按分格顺序进行铺设，其厚度高出分格条1～2mm。做多种颜色的彩色水磨石面层时，应先做深色，后做浅色；先做大面，后做镶边。待前一种色浆凝固后，再抹后一种色浆。在抹平后的水泥石粒浆表面，再均匀地平撒一层干石子，随即用大、小钢滚筒或混凝土滚筒压实。第一次先用大滚筒压实，纵横各滚压一遍，间隔2h左右，再用小滚筒作第二次压实，直到将水泥浆全部压出为止。随之再用木抹子或铁抹子找平，次日开始养护。

3. 磨光

开磨时间应以石粒不松动为准。大面积施工宜用机械磨石机研磨，小面积、边角处的水磨石，可使用小型湿式磨光机研磨。大面积开磨前应试磨，一般开磨时间见表7-1。

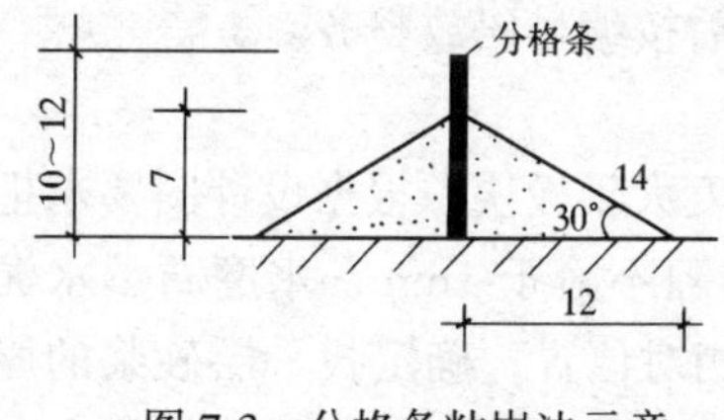

图7-3　分格条粘嵌法示意

现浇水磨石楼地面开磨时间表　　表7-1

平均温度（℃）	开磨时间（d）	
	机　磨	人工磨
20～30	2～3	1～2
10～20	3～4	1.5～2.5
5～10	5～6	2～3

水磨石地面在研磨过程中，难免会出现少量的洞眼孔隙，清除这些洞眼孔隙，一般用补浆的办法。即用布蘸上较浓的水泥浆仔细擦抹，待凝结硬化后，再行磨光。一般常用"二浆三磨"法，即整个研磨过程为磨光三遍，补浆二次。第一遍先用60～80号粗金刚石磨光，边磨边加水，要磨匀磨平，使全部分格条外露，磨后要将泥浆冲洗干净，稍干后涂擦一道同色水泥浆，用以填补砂眼，次日应洒水养护2～3d。第二遍用120～180号细金刚石磨光，方法同第一遍，主要是磨去凹痕，磨光后再补上一道浆。第三遍用180～240号油石磨，磨至表面石粒颗颗显露，平整光滑，无砂眼细孔。

4．酸洗打蜡

（1）擦草酸。擦草酸可使用10％浓度的草酸溶液，再加入1％～2％的氧化铝。先用水把面层冲洗干净，涂草酸溶液一遍，随即用280～320号油石进行细磨，至出白浆、表面光滑为止。再冲洗干净并晾干，准备上蜡。

（2）上蜡。在水磨石面层上薄薄涂一层蜡，稍干后用磨光机研磨，或用钉有细帆布（或麻布）的木块代替油石，装在磨石机上研磨出光亮后，再涂蜡研磨一遍，直到光滑洁亮为止。

第三节　板块楼地面

板块楼地面是指由各种块材或板材铺贴在基层上的楼地面，包括各种人造和天然的块材或板材，如陶瓷锦砖、瓷砖、缸砖、水泥花砖、预制水磨石板、天然大理石板、花岗石板等铺设的楼地面。其花色品种多样，经久耐用，易于保持清洁，强度高，刚度大，应用非常广泛。板块楼地面属于刚性楼地面，适宜铺在整体性、刚度较好的细石混凝土或预制混凝土楼板基层上。

一、施工准备工作

1．基层处理

板块铺贴前，应先挂线检查垫层的平整度，然后清扫基层并用水刷净，如表面光滑，则应凿毛，并提前一天浇水湿润基层。

2．找规矩

根据设计要求，确定平面标高位置，并在相应的立面上弹线，再根据板块分块情况，挂线找中，即在房间取中点，拉十字线。与走廊直接相通的门口外，要在走廊地面拉通线，分块布置要以十字线对称，如室内地面与走廊地面颜色不同，分界线应放在门口门扇中间处。

3．试拼

根据标准线确定铺砌顺序和标准块位置。在选定的位置上，对每个房间的板块，应按图案、颜色、纹理试拼。试拼后按两个方向编号排列，然后按编号码放整齐。

4．试排

在房间的两个垂直方向，按标准线铺两条干砂，其宽度大于板块。根据设计图要求把板块排好，以便检查板块之间的缝隙（大理石、花岗岩缝隙不大于1mm，水磨石、水泥花砖不大于2mm），核对板块与墙面、柱、管线洞口等的相对位置，确定找平层砂浆的厚度（对于厨、厕等有排水要求的，应找好泛水），根据试排结果，在房间主要部位弹上互相垂直的控制线，并引至墙上，用以检查和控制板块的位置。

二、施工方法

（一）水泥花砖地面

水泥花砖也称水泥花阶砖，是以白水泥或普通硅酸盐水泥和适量石粉掺以各种颜料加水经机械拌合、机压成型及充分养护而成。其成品花式繁多，色泽鲜明，光洁耐磨，质地坚硬，被广泛应用于各种建筑物的室内或室外地面。

水泥花砖地面的结合层，有水泥砂浆结合层、砂结合层、沥青胶泥结合层三种类型。砂结合层的做法是在板块下干铺一层20～40mm厚砂子，待校正平整后，于预制板块之间用砂子或砂浆填缝，这种做法施工简便，易于更换，但不易平整，适用于一些临时性或简易的室内装饰。用沥青胶泥做结合层时，铺砌前，应在板块底面和侧面刷冷底子油一遍，待干燥后再摊铺热沥青胶结合层，厚度应为2～5mm，紧接着铺砖，每段完成后，再用热沥青胶填严板缝，对外溢的沥青胶，应趁热刮除。这里主要介绍水泥砂浆结合层，其构造作法见图7-4。其施工要点如下：

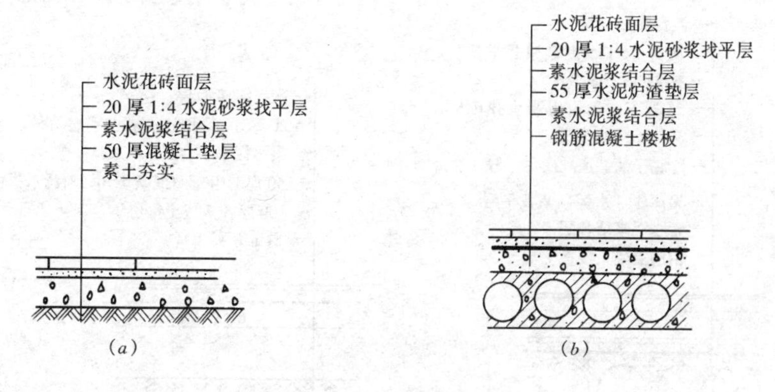

图7-4 水泥花砖楼地面

（*a*）水泥花砖地面；（*b*）水泥花砖楼面

1. 水泥花砖施工前应浸水湿润

因为水泥花砖吸水率较大，如使用干燥板块，待铺贴后，结合层砂浆的水分会很快被水泥花砖吸收，必然会造成水泥砂浆脱水而影响其凝结硬化，不但降低了砂浆强度，也会影响结合层与基层、面层之间的粘结，造成板块松动、空鼓。所以在施工前应浸水湿润板块，浸水时间一般不少于2h，取出阴干到表面无水，码好备用。

2. 摊铺水泥砂浆结合层

水泥砂浆结合层，同时又是找平层，应严格控制其稠度，以保证粘结牢固及面层的平整度。结合层宜采用干硬性水泥砂浆，因其具有水分少、强度高、密实度好、成型早及凝结硬化过程中收缩率小等优点。干硬性水泥砂浆的配合比常用1:1～1:4（体积比），铺设时的稠度为2～4mm，即以手握成团，落地开花为宜。水泥强度等级不低于32.5R。

为保证与基层粘结牢固，在铺砌水泥砂浆结合层前，应在湿润的基层上刷一遍水灰比为0.4～0.5的素水泥浆，随刷随摊铺水泥砂浆结合层。楼地面虚铺的砂浆应比标高线高出3～5mm。砂浆应从里向门口铺抹，然后用木杠刮平、拍实，用木抹子压平。

3. 板块铺贴、灌缝

先刷一层水灰比为0.4～0.5的素水泥浆，随即铺贴板块。板块四角要同时平稳下落，对准纵横缝后，用橡皮锤轻敲振实，并用水平尺找平。锤击板块时，注意不要敲砸边角，也不要敲打在已铺贴完毕的板块上，以免造成空鼓。

应注意在铺贴前一定要进行弹线、试拼，以确定非整块的尺寸和位置。在房间、走廊的中间，均不得出现非整块，非整块应铺在房间四边及走廊两侧边，并左右对称，不得出现一侧大一侧小的现象。

板块铺贴完后，第二天用浆壶将稀水泥浆或1:1稀水泥砂浆（水泥:细砂）填缝。面层上溢出的水泥浆或水泥砂浆应在终凝前予以清除，待缝隙内的水泥凝结后，再将面层清洗干净。然后进行养护，3d内禁止上人走动或作业。

（二）陶瓷锦砖楼地面

陶瓷锦砖又称“马赛克”。小块锦砖为铺贴方便，出厂前已反贴在305.5mm见方的护面纸上。陶瓷锦砖质地坚硬、经久耐用，具有耐磨、防水、耐腐蚀、易清洁等特点，适用于卫生间、厨房等。陶瓷锦砖地面的构造做法见图7-5。

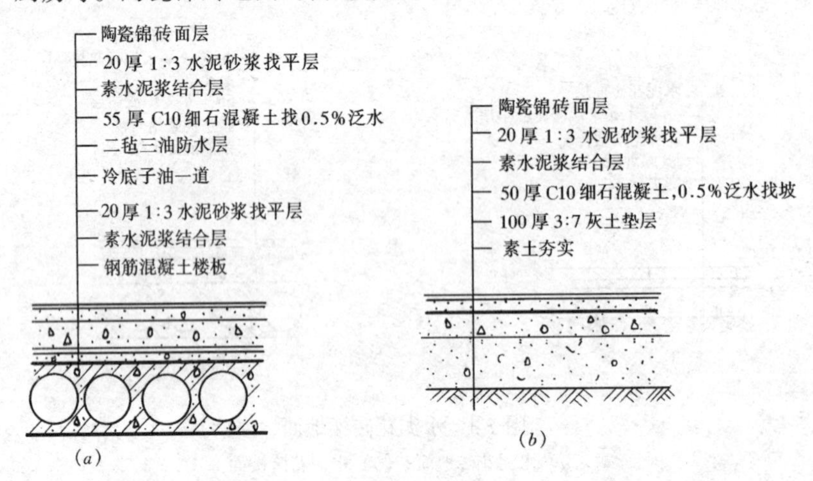

图7-5　陶瓷锦砖楼地面

（*a*）陶瓷锦砖楼面；（*b*）陶瓷锦砖地面

在干净湿润的基层上刷素水泥浆一道，随即铺抹水泥砂浆找平层。找平层采用1:3（体积比）干硬性水泥砂浆，厚度一般为20～30mm。砂浆从里向门口铺抹，虚铺砂浆高度应高出3～4mm，然后用木杠刮平、拍实，用木抹子找平。有泛水要求的房间如厨房、卫生间等，应事先找出泛水坡度，一般为0.5%。

(1) 铺贴。找平层砂浆养护2～3d后开始铺贴陶瓷锦砖。先将结合层表面洒水湿润，陶瓷锦砖背面也要刷水湿润，在找平层上抹一道素水泥浆作粘结层，厚1～2mm，立即铺贴陶瓷锦砖。操作时，先用方尺找好规矩，拉好控制线，按线铺贴。每张之间接缝的间距应与陶锦砖间的砖缝宽度一致，接缝要对齐。

(2) 拍实。陶瓷锦砖粘贴后，应随即用拍板靠放在已贴好的陶瓷锦砖表面，用橡皮锤敲击拍板，均匀地满敲一遍，拍平压实，使水泥浆充满陶瓷锦砖之间的缝隙，表面平整。

(3) 揭纸。洒水将护面纸润透，待护面纸吸水泡开后（约15分钟），即可揭纸。注意洒水不可过多，也不能过少。

（4）灌缝、拨缝、擦缝。揭纸后及时灌缝、拨缝，先用 1∶1 水泥细砂把缝隙灌满扫严。适当淋水后，用橡皮锤和拍板拍平。拍板要前后左右平移找平，将陶瓷锦砖拍至要求高度。并检查砖缝大小、平直情况，将弯扭的砖缝拨正调直，宽度一致，先开刀调整竖缝，后调整横缝，边拨边拍实。然后用棉丝将砖表面擦干净。

（5）养护。陶瓷锦砖楼地面铺贴 24h 后，应铺锯木屑等养护，4～5d 后方可上人。

第四节　木　楼　地　面

木楼地面是指由木板铺钉或胶合而成的楼地面，它具有自重轻、保温隔热性能好、有弹性、不起灰、易清洁、不泛潮、纹理及色泽自然美观等优点，但也存在耐火性差，潮湿环境下易腐朽、易产生裂缝和翘曲变形等缺点。

一、木地板的分类和构造

（1）根据材质的不同，木地板可分为普通纯木地板、复合木地板、软木地板三类。

普通纯木地板又有条形地板、拼花地板两种。条形地板是采用红松、云杉等加工制成的长条形木板，富有弹性，导热系数小，干燥并便于清洁，但装饰效果一般。拼花地板又称硬木地板，采用水曲柳、核桃木、榆木等加工而成，坚固耐磨，纹理优美清晰，有光泽，造价较高。本地板常用规格见表 7-2。

木地板常用规格　　**表 7-2**

<table>
<tr><th></th><th colspan="2">名　称</th><th>厚
（mm）</th><th>宽
（mm）</th><th>长
（mm）</th><th>备　注</th></tr>
<tr><td rowspan="3">钉接式</td><td colspan="2">松、杉木条形地板</td><td>23</td><td>不大于 120</td><td>800 以上</td><td rowspan="4">木地板除底面外，其他五面均应平直刨光</td></tr>
<tr><td>硬木条形地板</td><td>单　层
双层的面层</td><td>20～23
18～23</td><td>50</td><td>800 以上</td></tr>
<tr><td colspan="2">硬木拼花地板</td><td>18～23</td><td>30，37.5
42，50</td><td>250，300</td></tr>
<tr><td>粘结式</td><td colspan="2">松、杉木
硬　木</td><td>18～20
15～18</td><td>不大于
50</td><td>不大于
400</td></tr>
</table>

复合木地板是由芯板（木屑板）两面贴上单层面板的复合构造的木板，装饰效果较好，不易腐朽、开裂、变形、翘曲，质轻高强，同时取材广泛，造价较低。

软木地板是一种较高级的木地板，具有更好的保温性、柔软性和吸声性，其吸水率接近于零，防滑效果好，但造价高，产地较少，产量不高。

（2）按构造形式不同，木地板可分为空铺式木地板、实铺式木地板和粘贴式木地板。其构造作法见图 7-6、图 7-7、图 7-8。

空铺式木地板是将木搁栅固定在地垄墙（或砖墩）和垫木上面，而实铺式是将木搁栅直接固定在结构层上。空铺式木地板通过地垄墙架空了一定高度，其优点是木地板富有弹性、脚感舒适，隔声和防潮，但耗木料较多，占用室内高度，已用得较少，主要用于舞台地面等。粘贴式木地板是用粘结材料直接把木地板粘贴在水泥砂浆或混凝土基层上，不需要木搁栅，降低了造价，又提高了工效。

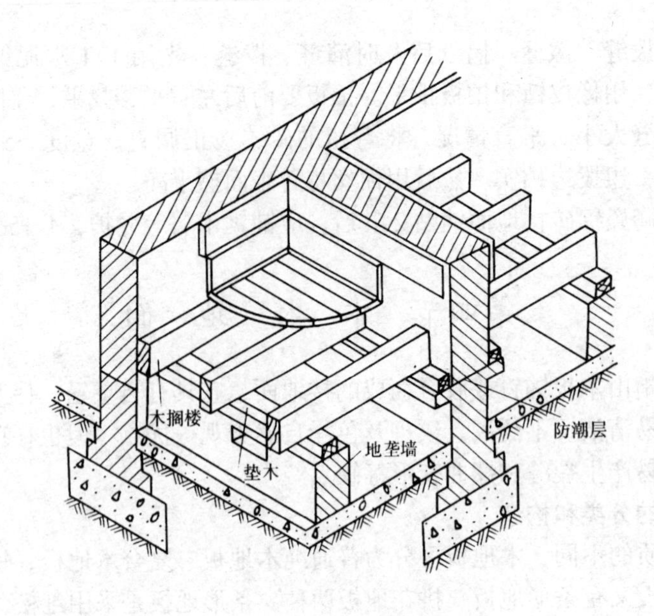

图 7-6 空铺式木地板构造做法示意

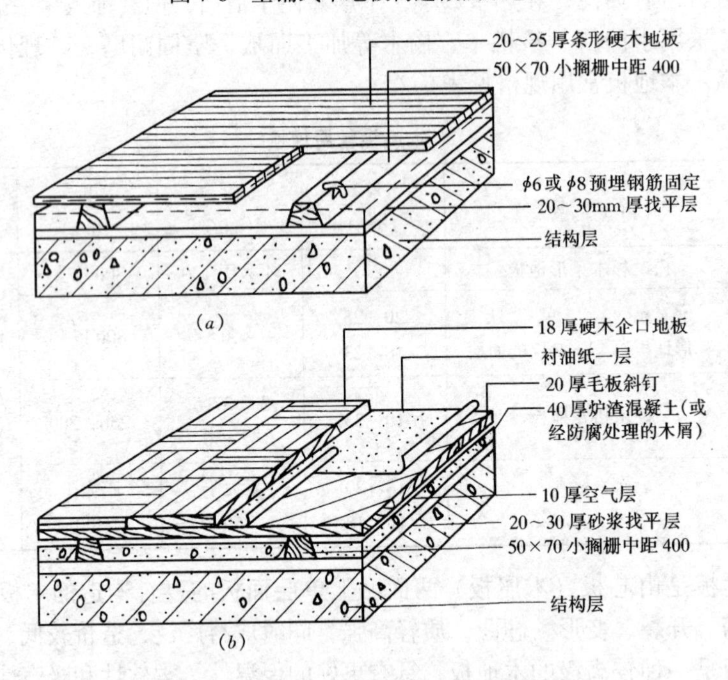

图 7-7 实铺式木地面构造做法示意

(a) 单层；(b) 双层

二、木地板的施工

(一) 空铺式木地板施工

1. 砌地垄墙或砖墩

一般采有红砖、水泥砂浆或混合砂浆砌筑。其厚度，应根据架空的高度及使用条件来确定。垄墙与垄墙的间距，一般不宜大于 2m。在每条地垄墙上，要预留 120mm×120mm 通风孔洞两个。

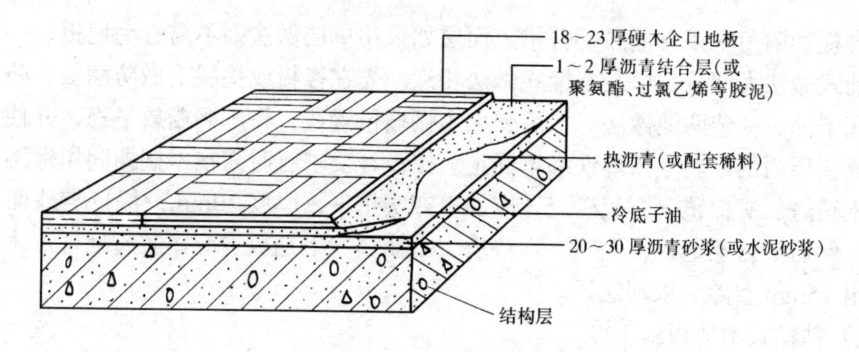

图7-8　粘贴式木地板构造做法示意

2．安装垫木

在地垄墙与搁栅之间，用垫木连接。垫木的作用是将搁栅传来的荷载，分散传到地垄墙上。垫木的厚度一般为50mm。垫木与地垄墙的连接，通常采用8号铅丝绑扎的方法。也可用混凝土垫板来代替垫木。

3．安装木搁栅、剪刀撑

木搁栅的作用主要是固定和承托面层。操作前，先核对水平标高，在垫木上弹出木搁栅的搁置中线。然后把木搁栅按线摆好，木搁栅离墙面应留出不小于30mm的缝隙，以利隔潮通风。最后用100mm长的圆钉从木搁栅两侧中部斜向呈45°角与垫木钉牢。

剪刀撑的作用是增加木搁栅的侧向稳定性，将一根根单独的搁栅连成一个整体，以增加整个木地面的刚度。先在木搁栅上按剪刀撑的间距弹线，依次将剪刀撑两端用两个70mm长的圆钉与木搁栅钉牢。

4．做面层

面层板有单层条式、双层条式、双层拼花等不同形式，采用钉固法固定。

条形木地板有单层和双层两种做法。单层做法是把20～30mm厚硬木长条企口板直接固定在木搁栅上。双层做法是在木搁栅上先钉毛板，毛板可用柏木或松木，20～25mm厚，然后在毛板上铺油毡或油纸一层，最后上面再铺钉面层板。拼花地板一般只能采用双层做法。

钉固法有明钉和暗钉两种钉法。明钉法是先将钉帽砸扁，将圆钉垂直于板面与搁栅钉牢，每点钉两个钉，同一行的钉帽应在同一条直线上，并将钉帽冲入板内3～5mm。暗钉法是先将钢帽砸扁，从板侧边凹角处斜向以45°或60°角钉入，一段钉一个圆钉。一般面层板多采用暗钉法，有利于地面的美观。

5．刨平、磨光

用刨子刨平、刨光，刨平、刨光可分三次进行，达到表面无刨刀痕迹。然后用砂纸或磨砂皮机将地板表面磨光。

6．钉木踢脚板和阴角木条

7．油漆打蜡

（二）实铺式木地板施工

实铺式木地板不做地垄墙和剪刀撑，其施工工艺为：设埋件、做防潮层→弹线→设置木垫块和木搁栅→填保温、隔声材料→铺钉毛地板→排块和弹线→钉面板→刨平、磨光→

钉木踢脚板和阴角木条→油漆、打蜡。面层如采用单层做法则不需钉毛地板。

实铺式做法大部分工序与空铺式做法相近。先在楼板或垫层上做防潮层，防潮层一般采用冷底子油、一毡两油做法。然后弹出木搁栅位置线，将木搁栅放平稳，并使其与预埋在楼板或垫层内的铅丝或预埋铁绑牢固定。按设计要求有时需在木搁栅间填保温、隔声材料，如干炉渣、矿棉毡、石灰矿渣，应加以夯实拍平，厚度 40mm，保持与地面面层有一定间隙。然后铺钉毛地板，等等。木垫块、木搁栅、毛地板均应作防腐处理。木地板靠墙处要留出 15mm 空隙，以利通风。

（三）粘贴式木地板施工

粘贴式木地板是在结构层上做好砂浆找平层，然后用胶粘剂将木板直接粘贴上，其特点是简便、易行、省工、省料。胶粘剂的种类较多，常用的有乙烯类、氯丁橡胶型、环氧树脂、合成橡胶溶剂型等。另外，也可用 42.5R 水泥加 108 胶水配制，还有沥青胶粘剂，这两种应用也非常广泛。

粘贴式木地板的面层一般采用单层做法，其施工工序包括基层处理、弹线定位、涂刷胶粘剂粘贴地板、养护、刨平磨光和油漆上蜡等工序。粘贴式木地板也可归为实铺式木地板一类，即实铺式木地板面层做法有钉固法和粘结法两种。

（四）复合强化木地板施工

复合强化木地板一般由四层组成：第一层为透明人造金刚砂的超强耐磨层，第二层为木纹装饰纸层，第三层为高密度纤维板的基材层，第四层为防水平衡层。经过高性能合成树脂浸渍后，再经高温、高压压制，四边开榫而成。这种木地板精度高，特别耐磨，阻燃性、耐沾污性好，保温隔热性能好，具有实木地板的感观，美观大方，而且施工快捷方便，得到了广泛的应用。其规格一般为 1200mm×190mm×8mm。

复合强化木地板不需要钉接固定或粘结固定在地面上，而只能悬浮铺装在地面上。先铺设一层防潮层，如聚乙烯薄膜等材料，再铺装木地板，使榫槽接合好，木地板靠墙边要留出一定空隙，以利于木材的伸缩变形。然后在木地板对接口施胶（专用的防水胶），使板缝密封，保证不让水分从地面浸入。最后施工踢脚板和装饰压条。

第五节　地毯铺贴楼地面

地毯作为楼地面装饰材料具有行走舒适、吸音、保温、美观、防滑、施工方便、容易更换等优点，广泛用于宾馆、饭店、住宅等各类建筑之中。

一、地毯的分类、构造

1. 地毯的分类

地毯根据其面层材料不同可分为：羊毛地毯、混纺地毯、化纤地毯（合成纤维地毯）、剑麻地毯、橡胶地毯、塑料地毯等。

2. 地毯的构造

地毯除了橡胶地毯和塑料地毯之外，无论是毛、麻等天然纤维构造的地毯，还是锦纶、腈纶、涤纶等化学纤维构成的地毯，都由面层、防松涂层和背衬组成。

面层是地毯的装饰面；背衬是地毯的底层，起固定的作用；中间有防松涂层，防松涂层是涂在背衬上的涂料层，作用是增加面层纤维的固着力，使之不易脱落。

二、地毯的铺设

地毯的铺设方法分为固定式和不固定式两种，铺设范围有满铺和局部铺设之分。

1. 不固定式

不固定式是将地毯裁边，粘结接缝成一整片，直接摊铺于地上，不与地面粘结，四周沿墙角修齐即可。这种方式铺设简单、容易更换。

2. 固定式

固定式是将地毯裁边，粘结拼缝成一整片，四周与房间地面加以固定。这种方式铺设的地毯不易移动或隆起、变形，应用较多。

固定式可采用两种方法：

（1）粘结法。用胶粘剂将地毯背面的四周与地面粘结住。

（2）倒刺板固定法或铜钉法。满铺采用倒刺板固定法，即在房间周边地面上安装带有朝天小钩的倒刺板，将地毯背面固定在倒刺板的小钉钩上；局部铺设采用铜钉法，即将地毯的四周与地面用铜钉加以固定。

固定式的施工工艺为：

（1）基层表面处理。基层表面要求平整、干净、干燥，具有一定的强度。

（2）地毯裁剪。按房间尺寸形状用手推裁刀或裁边机切断地毯。

（3）地毯拼缝。地毯不够大时可拼装，拼缝用尼龙线缝合，在背面抹接缝胶并贴麻布接缝条。

（4）固定地毯。先把地毯进行张平、拉伸，张紧后即进行固定，并安装门口压条。

（5）清扫地毯。地毯铺设完毕，用吸尘器清扫一遍，清扫掉表面脱落的绒毛和灰尘。

第六节　楼地面装饰工程的质量标准和检验方法

一、整体楼地面工程的质量标准和检验方法

（1）各种面层的材质、强度（配合比）和密实度必须符合设计要求和施工规范规定。

（2）面层与基层的结合必须牢固无空鼓。

（3）面层表面质量要求：

1）水泥砂浆面层：表面洁净、无裂纹、脱皮、麻面和起砂等现象。

2）水磨石面层：表面光滑、无裂纹、砂眼和磨纹；石粒密实、显露均匀；颜色图案一致，不混色；分格条牢固，顺直和清晰。

（4）地漏和有排水要求的地面的坡度符合设计要求，不倒泛水、无渗漏、无积水。

（5）踢脚线高度一致，出墙厚度均匀；与墙面结合牢固，局部空鼓长度不大于200mm，且在一个检查范围内不多于2处。

（6）楼梯踏步和台阶的相邻两步宽度和高度差不超过10mm，齿角整齐，防滑条顺直。

（7）整体楼地面面层的允许偏差和检验方法，见表7-3。

表 7-3

整体楼地面面层的允许偏差和检验方法

项次	项　　目	允许偏差（mm）					检验方法
		细石混凝土、混凝土地面	水泥砂浆地面	普通水磨　石	高级水磨　石	107 胶水泥色浆涂抹	
1	表面平整度	5	4	3	2	3	用 2m 直尺和塞尺检查
2	踢脚线上口平直	4	5	3	3	3	拉 5m 线，不足 5m 拉通线，用钢直尺检查
3	缝格平直	3	3	3	2	3	

二、板块楼地面工程的质量标准和检验方法

（1）面层所用材料的品种及面层质量必须符合设计要求，面层与基层的结合（粘结）必须牢固，无空鼓（脱胶）。

（2）板块面层的表面洁净，图案清晰，色泽一致，接缝均匀，周边顺直，板块无裂纹、掉角和缺棱等现象。

（3）板块楼地面面层的允许偏差和检验方法，见表 7-4。

表 7-4

板块楼地面面层的允许偏差和检验方法

项次	项　　目	允许偏差（mm）						检验方法
		陶瓷锦砖、高级水磨石板	水泥花砖	普通水磨石板	大理石板	塑料板	劈离砖	
1	表面平整度	2	4	3	1	2	3	用 2m 直尺和塞尺检查
2	缝格平直	3	3	3	2	3	3	拉 5m 线，不足 5m 拉通线，用钢直尺检查
3	接缝高低差	0.5	1.5	1	0.5	0.5	0.5	尺量和塞尺检查
4	踢脚线上口平直	3	4	4	1	2	3	拉 5m 线，不足 5m 拉通线，用钢直尺检查
5	板块间隙宽度不大于	2	2	2	1	—	—	尺量检查

三、木楼地面工程的质量标准和检验方法

（1）木材材质和铺设时的含水率必须符合《木结构工程施工质量验收规范》的有关规定。

（2）木搁栅、毛地板和垫木等必须作防腐处理。木搁栅安装必须牢固、平直。在混凝土基层上铺设木搁栅，其间距和稳固方法必须符合设计要求。

（3）木地板面层必须铺钉牢固无松动，粘结牢固无空鼓。

（4）木地板面层刨平磨光，无刨痕、戗槎和毛刺等现象；图案清晰；清油面层颜色均匀一致。

（5）长条木地板接缝严密，接头位置错开，表面洁净；拼花硬木地板接缝对齐，粘、钉严密；缝隙宽度均匀一致；表面洁净，粘结无溢胶。

（6）踢脚线接缝严密，表面光滑，高度、出墙厚度一致。

（7）木地板楼地面面层的允许偏差和检验方法，见表 7-5。

木地板楼地面面层的允许偏差和检验方法　　表 7-5

项次	项　　目	允许偏差（mm）			检验方法
		木搁栅	硬木长条木板	拼花木板	
1	表面平整度	3	2	2	用 2m 直尺和塞尺检查
2	踢脚线上口平直	—	3	3	拉 5m 线，不足 5m 拉通线，用钢直尺检查
3	板面拼缝平直	—	3	3	拉 5m 线，不足 5m 拉通线，用钢直尺检查
4	缝隙宽度	—	不大于 0.5	不大于 0.2	尺量检查

四、地毯铺贴楼地面的质量标准和检验方法

（1）地毯的品种、规格、色泽、图案应符合设计要求。其材质应符合现行有关材料标准和产品说明书的规定。

（2）地毯表面应平整、洁净，无松弛、起鼓、皱褶、翘边等缺陷。

（3）地毯接缝粘结应牢固，接缝严密，无明显接头、离缝。

（4）颜色、光泽一致，无明显错花、错格现象。

（5）地毯四周边与倒刺板嵌挂牢固、整齐。门口、进口处收口顺直、稳固。

（6）踢脚板处塞边须严密，封口平整。

思考题与习题

7-1　楼地面由哪几部分组成？

7-2　简述水磨石地面的施工方法。

7-3　地毯铺设有哪几种方法？

7-4　完成 $10m^2$ 左右实木地板的铺设。

7-5　完成 $10m^2$ 左右复合地板的安装。

7-6　完成 $10m^2$ 左右的地板砖铺贴。

第八章　顶 棚 装 饰 工 程

顶棚装饰是室内装饰的一个重要组成部分。它在增加室内装饰效果、提高室内亮度、改善照明的同时，有的吊顶或顶棚还兼有保温、隔热、吸声和隔声的功能。

第一节　顶棚装饰的分类和准备

一、顶棚装饰的分类

顶棚装饰可以从不同的角度进行分类，主要有：

(一) 按顶棚装饰与结构的关系分

1. 直接式顶棚装饰

直接式顶棚装饰是指不采用龙骨构造而直接在楼板底面抹灰后进行涂饰、裱糊，或直接安装装饰线（包括木质装饰线、石膏装饰线等）。适用于装饰要求不高的办公楼、教学楼、居民住宅等建筑的顶棚装饰。常见的直接式顶棚装饰形式有：

(1) 顶棚表面直接涂饰或裱糊。即在顶棚楼板底面完成抹灰的基础上，涂饰 106 涂料、仿瓷涂料、乳胶漆等内墙涂料，或裱糊墙纸、墙布等。

(2) 现浇装饰线脚抹灰。即在室内顶棚与墙交界处(即顶角)、梁底、柱端和吊灯周围等部位,借助模具、靠尺板等将灰浆抹在以上部位,做出各种具有装饰性的灰线,如图 8-1 所示。

(3) 安装预制石膏装饰制品和木装饰制品。这些制品都是生产厂家的成品，有的具有浮雕效果，或具有不同的纹理；有线条状、角花状、圆盘状，也有薄壁空腹状，立体造型强，且成套或配套使用。此类装饰制品安装完后，表面均需作涂饰处理，如刷乳胶漆。如图片 8-2 所示。

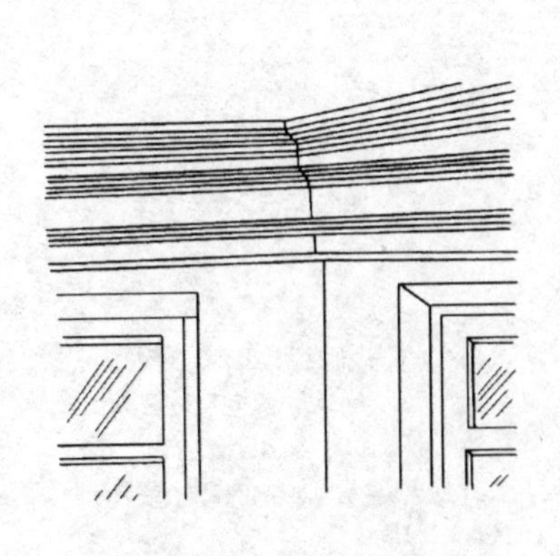

图 8-1　抹灰装饰线脚

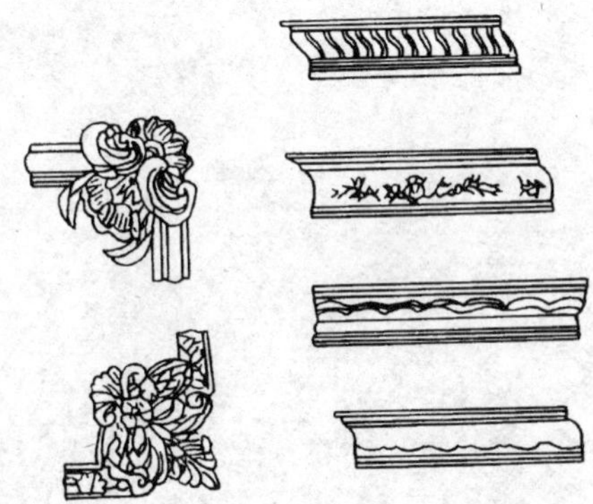

图 8-2　预制石膏线和木线

2. 吊顶式棚装饰

吊顶式顶棚装饰是指采用木、金属材料作龙骨架并配以各种罩面板而形成的顶棚装饰。适用于装饰要求较高的民用建筑的顶棚装饰。

常见的吊顶主要有木龙骨吊顶、轻钢龙骨吊顶和铝合金龙骨吊顶三大类。

（二）按顶棚装饰的标高分

1．一级吊顶

一级吊顶是指吊顶呈平顶形，其各部位的标高没有变化或者按装饰工程预算的有关规定，标高差在20cm以内的吊顶。当然，在实际工程中，20cm以内这个标准应视具体情况把握。

一级吊顶造型简洁，整体性、连续感强，适用于较大空间公共场所的室内顶棚、走廊和居民住宅中厨房、卫生间的顶棚等处。如候车室、商店营业大厅、民宅厨房等。

2．二级吊顶

二级吊顶是指顶棚因造型需要有二个不同的标高且标高差超过20cm的吊顶。同样，如考虑到造型尺度及比例协调等原因，标高差不超过20cm，应视实际情况去把握是否为二级吊顶。

二级吊顶造型形式活泼多样，构造方法不同，装饰性强，适用于门厅、会议室、居民住宅的客厅、餐厅等处的顶棚装饰。

3．三级及其以上吊顶

三级及其以上吊顶是指出于造型的需要顶棚有三个或三个以上不同的标高，且相邻两标高相差20cm以上的吊顶。

三级及其以上吊顶造型典雅、气派，一般适用于装饰档次较高的公共民用建筑的顶棚装饰。

（三）按顶棚装饰的造型分

有平面式、凹凸式、开敞式、拱形和圆形等。

（四）按吊顶的龙骨材料分

1．木龙骨吊顶

使用木龙骨吊顶，加工方便、造型能力强，但不适用于大面积吊顶。木龙骨根据其作用不同，分主龙骨（也称大龙骨）、次龙骨（也称中龙骨）、横撑龙骨（也称小龙骨）三种，其规格可从60mm×80mm～25mm×30mm范围中选用。木龙骨在施工中应做防火、防腐处理。

2．轻钢龙骨吊顶

轻钢龙骨吊顶，适合于面积大而造型要求不高但装饰档次较高的室内空间。轻钢龙骨的断面形状可分为U、C、Y、T、L形等，需配套使用；其规格型号有U60系列，U50系列、U38系列等。轻钢龙骨在施工中应做防锈处理。

3．铝合金龙骨吊顶

铝合金龙骨吊顶属于活动式装配吊顶的一种。其大龙骨常使用U60、U50或U38系列轻钢主龙骨，中小龙骨采用铝合金T型、L型龙骨。中小龙骨既是吊顶的承重构件，又是吊顶的饰面压条。常用于公共建筑的大厅、楼道、会议室以及厨房、卫生房等处的顶棚装饰。

二、吊顶工程的施工准备

由于吊顶工程的种类很多，本章只介绍几种常见的吊顶工程。

（一）木龙骨胶合板吊顶的施工准备

1. 基层准备

（1）现浇楼板或预制楼板板缝中，预埋 ϕ6 或 ϕ8 钢吊筋，间距按设计要求，当无设计要求时，其间距一般为 1000mm。当然，实际中很多时候没有预埋吊筋，也可采用木吊筋。

（2）主体结构完工，并且通过验收

（3）屋面防水工程已完工且通过验收

（4）门窗安装完毕，室内楼面、地面、墙面粗装修已完工。

（5）顶棚内隐蔽的各种管线及通风管道均已安装完工，并通过验收。

2. 材料准备

（1）龙骨材料。木龙骨应采用已做脱水、烘干处理的杉木、红白松木等方材。木龙骨规格按设计要求，无设计要求时一般可按下述规格选用：

主龙骨：50mm×60mm、30mm×40mm，次龙骨：50mm×40mm、25mm×30mm。

小龙骨：25mm×30mm、25mm×40mm，吊筋：30mm×40mm、25mm×40mm、25mm×30mm。

（2）罩面板材。1220mm×2440mm 普通胶合板（三夹，下同）、红榉板、白榉板、水曲柳板、枫树板、花梨板等。

（3）辅助材料。ϕ8～ϕ12 膨胀螺栓、2～3 寸圆钉、1.5～3mm 气钉、乳白胶、ϕ6 或 ϕ8 吊筋螺杆、射钉和 8 号镀锌铁丝等。

（4）防火涂料。常用木结构防火涂料有 YZL-858 发泡型防火涂料、YZ-196 发泡型防火涂料和膨胀型乳胶防火涂料。其特点在于遇火膨胀发泡，产生蜂窝状隔热层，具有良好的隔热阻燃防火效果。

（5）防腐涂料。木结构常用防腐涂料有 G52-2 过氯乙烯防腐清漆、G52-1 各色过氯乙烯防腐漆。具有优良的腐蚀性能，并能防霉、防潮，可用来浸渍木质构件。

3. 机具准备

主要有电锤、空气压缩机、型材切割机、打钉枪、射钉枪、手电钻等。

（二）U 型轻钢龙骨纸面石膏板吊顶的施工准备

1. 基层准备

U 型轻钢龙骨纸面石膏板吊顶的基层准备与“木龙骨胶合板吊顶”相同。

2. 材料准备

在轻钢龙骨系列中按照设计要求选用合适的系列，并根据实际工程的平面尺寸备齐龙骨材料及其各种配件。如主龙骨、次龙骨、横撑龙骨、主吊挂件、副吊挂件、主连接件、副连接件、支托、吊杆，以及石膏螺钉等辅助材料。还有纸面石膏板，如 1200mm×3000mm。

3. 机具准备

主要有电动自攻钻、拉铆枪、快装钳、电动剪刀、手电钻、金属切割机等。

（三）T 型铝合金龙骨装饰石膏板吊顶的施工准备

1. 基层准备

T 型铝合金龙骨装饰石膏板吊顶的基层准备和“U 型轻钢龙骨吊顶”基本相同。

2. 材料准备

家庭装修中的T型铝合金龙骨装饰石膏板吊顶一般为单层龙骨结构。需准备中龙骨、边龙骨、带钩膨胀螺栓、8号镀锌铁丝、吊挂件、连接件、装饰石膏板等。双层龙骨还需大龙骨。

3. 机具准备

射钉枪、手电钻、型材切割机、电动剪刀等。

第二节　吊顶龙骨的安装

一、木龙骨的安装

木龙骨组装示意如图8-3所示。

(一) 施工工序

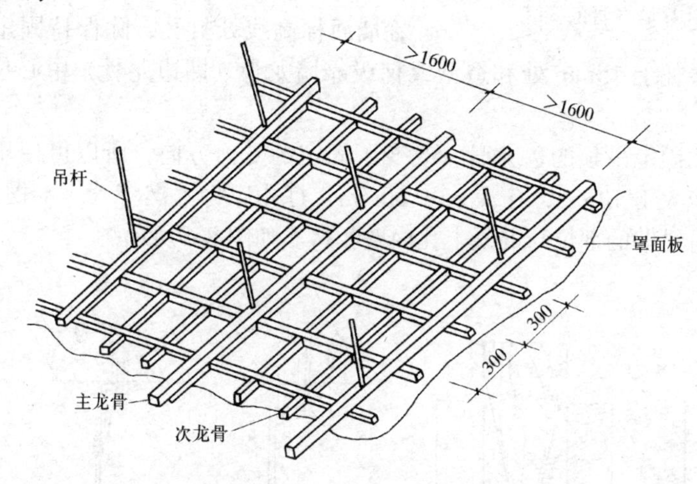

图8-3　木龙骨组装示意

木龙骨吊顶的施工工序为：弹线定位→安设吊点、吊筋→安装主龙骨→安装中、小龙骨→安装管线及设备→防火、防腐处理→安装罩面板→安装装饰线。

(二) 操作要点

1. 弹线定位

沿吊顶下沿的尺寸在四周墙面上弹出标高位置线。有的房间在吊顶的边缘有梯级造型，应按梯级数和每级间的尺寸弹出平面位置线。还有的房间顶部为平板或预制空心板结构，顶面平整且房间的净空高度较矮，不适合再吊顶，则可以吊通常所说的“假顶”，即在墙面和顶面之间做出迭梯造型来装饰。这种方法的吊顶，要将头一层迭梯占用顶面的宽度线弹出，以便安装框架做基线。如图8-4所示。

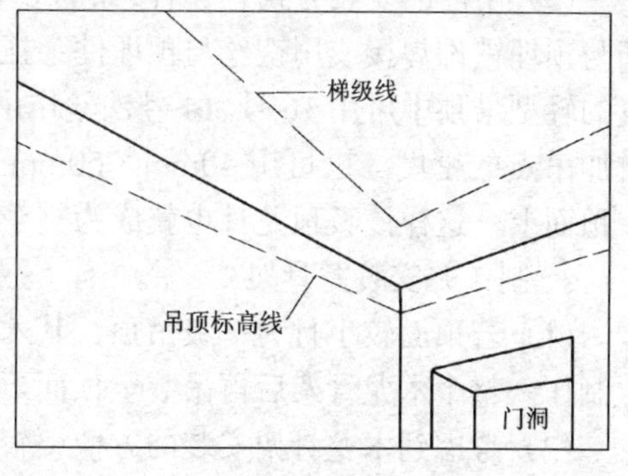

图8-4　吊顶弹线定位

2. 确定吊点及吊挂方式

(1) 如果房间顶面完全吊顶，可按每平方米设置一个吊点来布置，要在顶面标出吊点的位置。吊点在顶面的分布要均匀，以保证整个顶棚受力平衡。有造型的部位和梯级的边缘应设吊点。吊点的间距应控制在1m左右。

在灯具安装的部位，灯具重量超过2.5kg的，也要设置吊点。

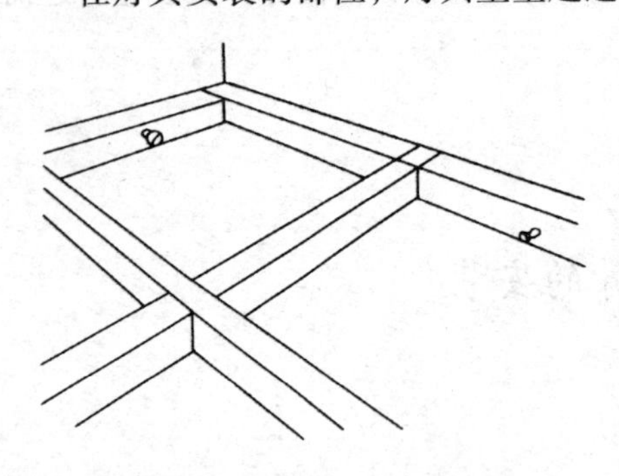

图 8-5 靠墙龙骨的安装

(2) 固定吊筋都是在顶面进行，为保证吊挂的牢固，无预埋件时应使用膨胀螺栓来固定吊挂件。方法是用电锤或冲击钻在标出的吊点位置钻孔，如果吊挂件的固定使用 $\phi8$ 的膨胀螺栓，则应使用 $\phi10$ 的合金钻头；如果用 $\phi10$ 的膨胀螺栓，应使用 $\phi12$ 的合金钻头。总之，合金钻头的直径应比膨胀螺栓直径大2mm。

(3) 考虑到木龙骨本身的规格尺寸所占用的空间，为使罩面板底部平齐顶棚在墙面的标高线，在墙面标高线处打孔，除保持固定间距外，应在顶面高度基准线偏上15mm处和造型或梯级靠墙龙骨（即边龙骨）中心位置打孔。如图8-5所示。

(4) 在墙面固定吊顶的边龙骨，改变了固定的受力方向，所以可使用木楔、铁钉固定。钻孔直径应大于10mm，孔深35～50mm，打孔后将木楔打入。木楔不能削得太尖、太长，应保证有足够的部位与混凝土孔内壁相挤。如图8-6所示。

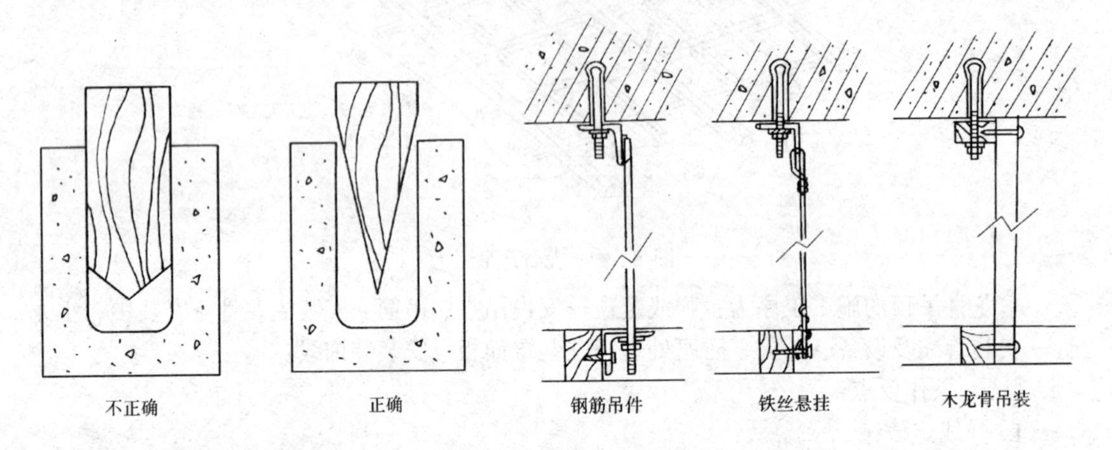

图 8-6 木楔的安装

图 8-7 吊筋的安装方式

(5) 吊筋的安装方式有几种，如图8-7所示。如有预埋吊钩或吊筋，可将钢筋吊钩、吊筋与预埋铁件焊接或用铁丝与预埋件穿挂；若无预埋件，吊件可用角钢或钢筋制成。在不承重的轻型吊顶中可用16号、14号铁丝作吊点与龙骨之间的吊筋。细铁丝做吊挂时，应适当增加吊点的密度。也可用40mm×60mm左右的木方做成吸顶龙骨，用膨胀螺栓将其固定在顶面上。这样该吸顶龙骨也就成为整个木龙骨结构的主龙骨，此为双层龙骨结构。

3. 制作并安装龙骨架

(1) 若顶面较小且为一级吊顶，其木龙骨架可以直接在顶面制作并安装，或先在地面上制作一整个木龙骨架后再吊装至顶面下部。例如民宅中的卫生间吊顶。

(2) 考虑到木龙骨架安装的方便，较大面积吊顶或梯级造型吊顶都是分片拼接的。根据分片的尺寸，先拼装较大片的木龙骨架，再拼装较小片木龙骨架。大片架通常以正方形分格，分格尺寸（木龙骨中心距）应视罩面板的出厂规格和实际设计而定。一般以 300mm × 300mm、400mm×400mm 为多。小片龙骨的分格可根据实际尺寸分档排格。如图 8-8 所示。

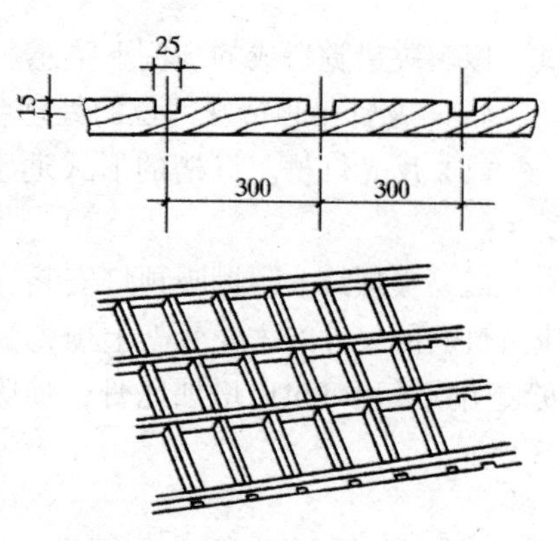

图 8-8　单片龙骨拼装

（3）中、小龙骨的连接方式有对接、搭接两种。对接方式施工方便、节省工料，但龙骨架的平整度、强度及整体性较差。搭接是较常采用的连接方式。它是在中龙骨（与主龙骨垂直）分格的中心线上，按照搭接宽度开出半个木方深的凹槽，用同样方法在小龙骨（与主龙骨平行）上开对应的凹槽。然后凹槽对凹槽加乳白胶后用圆钉固定。如图 8-9 所示。

（4）大片架和小片架分别制作完后，便可将它们吊装和连接起来。先从房顶的一角开始，将龙骨架托起至吊顶标高位置，临时用 $\phi14$ 号铁丝吊住，或用木支架撑住。在沿墙处使边龙骨的下沿对准墙标高线，对准装好木楔的固定点用圆钉将边龙骨固定在墙面。

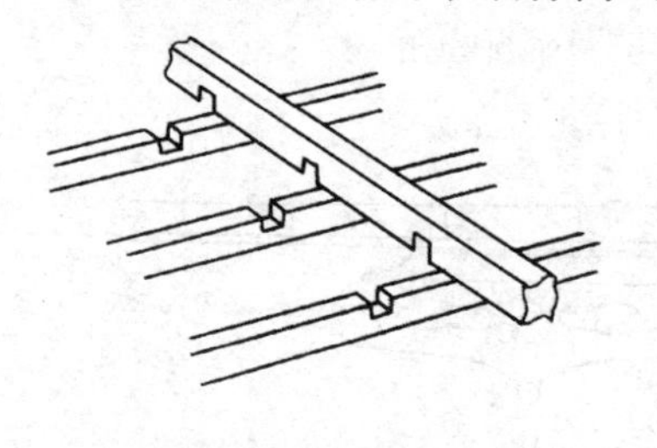

图 8-9　中小龙骨搭接

（5）吊水平线。全部龙骨架上顶后，在龙骨架下面沿吊顶标高线拉几道纵横交叉的水平线，以此作为吊顶的平面标准。

（6）调平。不论是铁丝吊筋还是木吊筋，其作用都有两个：一个连接吊点（或主龙骨）与龙骨架（中龙骨），二是通过缩短或拉长吊筋控制龙骨架的水平度。调平的具体方法是以交叉水平吊线为基准，如果有顶面上拱的地方，应将吊筋放松、放长，使上拱的地方下移至基准线位置；如果有顶面下凸的地方，则将吊筋拉紧、缩短，使下凸的地方往上拉平至基准线位置。要注意吊筋在调平过程中不能突出龙骨架的下表，否则会影响罩面板的安装。由于铁丝长度方向的拉力虽大但压力不足，所以采用铁丝作吊筋在调平时龙骨架和楼板之间要用短木顶紧才行，这样既便于调平龙骨架又便于装罩面板。

家装中常用透明小塑料管测定水平标高的水平度，见图 8-10。

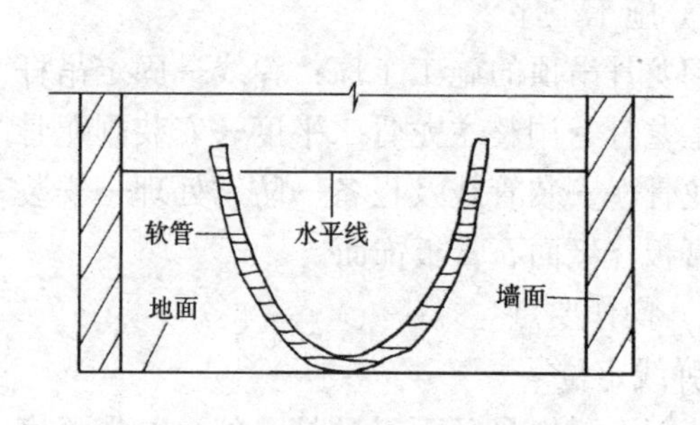

图 8-10　水平标高测定

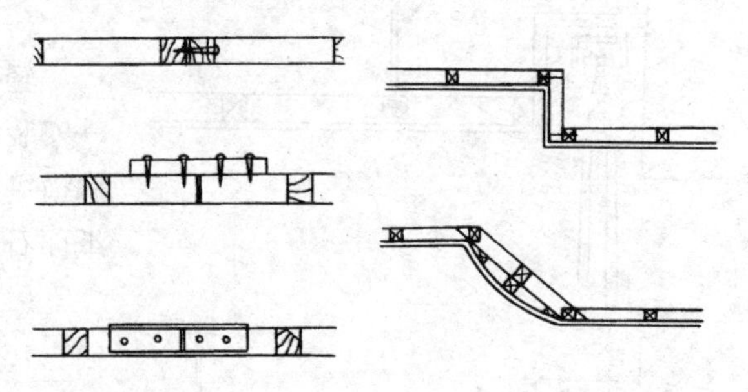

图 8-11　分片龙骨连接

（7）分片龙骨之间的连接。各片龙骨分别调平后，可采用夹接、搭接、对接等形式连成一体。如图 8-11 所示。连接完各分片龙骨架后，还应对龙骨架整体进行水平度（水平面）和垂直度（梯级造型的侧面）的检查并作局部调整，并视顶棚面积的大小作适当的起拱，以解决错觉造成的顶棚下坠感。起拱高度按跨度 3‰～5‰来计算。

4．木龙骨吊顶特殊部位的处理

（1）反光灯槽。灯槽的形式通常有两种：侧向反光灯槽和顶面反光灯槽。如图 8-12 所示。

（2）吸顶灯。顶棚吸顶灯安装有嵌入式和吸顶式即暗式和明式两种方式。嵌入式灯具应按灯具的尺寸在木龙骨架上预先留出灯体位置，灯体四周应附加用于固定灯具的龙骨。安装明式吸顶灯也应增加龙骨，使吸顶灯盘至少有三个眼孔可固定在木龙骨上。如图 8-13 所示。

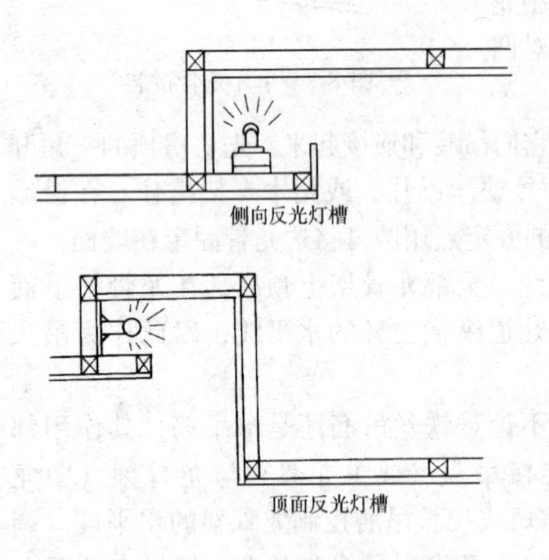

图 8-12　灯槽的形式

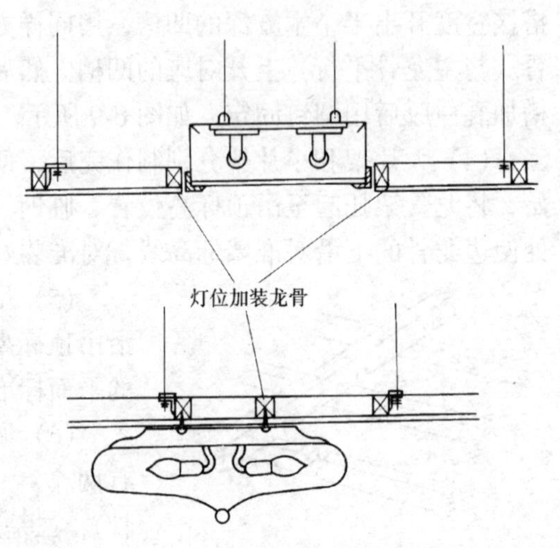

图 8-13　吊顶灯具安装

（3）暗窗帘盒。不论是局部暗窗帘盒还是通长暗窗帘盒，都应与顶棚龙骨架有稳固的连接关系。单轨窗帘盒净宽在 100～150mm；双轨窗帘盒宽应在 200～300mm。暗窗帘盒的处理方法有很多，图 8-14 是其中两种常见的形式。

二、U 型轻钢龙骨的安装

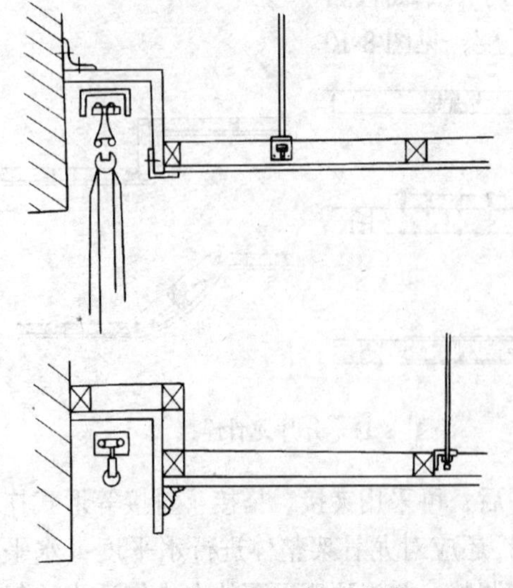

图 8-14　吊顶窗帘盒安装

U 型轻钢龙骨组装示意，如图 8-15 所示。

（一）施工工序

轻钢龙骨吊顶的施工工序：弹线→固定吊杆→安装主龙骨→调整主龙骨水平度→安装副龙骨和横撑龙骨→安装管线及设备→防锈处理→安装纸面石膏板→纸面石膏板饰面。

（二）操作要点

1．弹线定位

在墙面上弹出吊顶下沿的标高线，在楼板底面上弹出主龙骨中心位置线（同时该线也是吊点排列线）。主龙骨间距为 900～1000mm。

2．确定吊点及吊挂方式

（1）吊件。有预埋件的可将吊筋与预埋件连

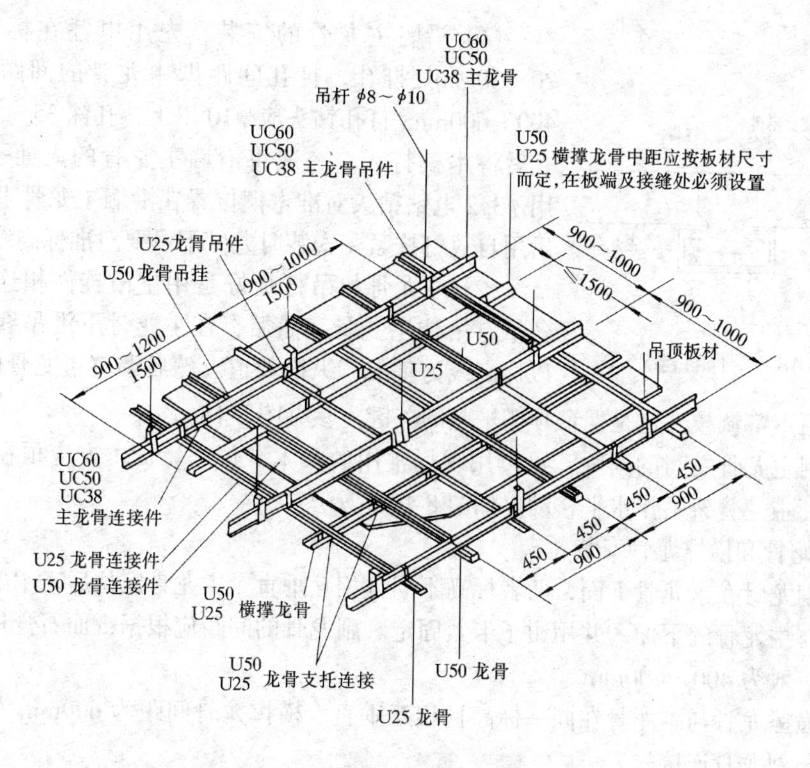

图 8-15　U 型轻钢龙骨组装示意

接。连接方式有焊接、挂接等。无预埋件时，可采用射钉、膨胀螺栓等连接吊筋，上人型和不上人型龙骨吊点的连接如图 8-16、图 8-17 所示。

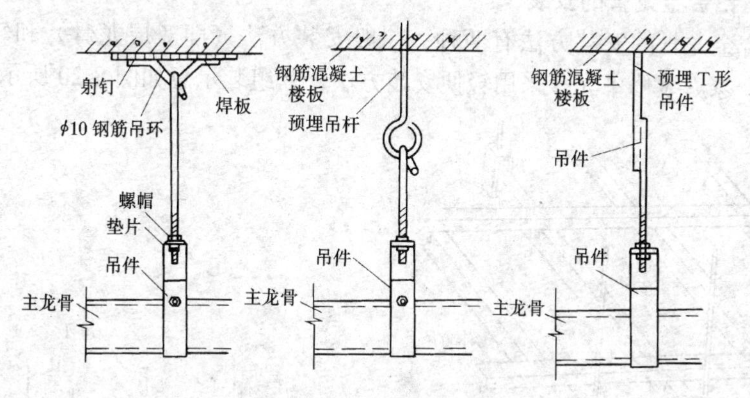

图 8-16　上人型龙骨吊点安装

（2）吊点间距。通常情况下，不上人吊顶间距为 1200～1500mm，上人吊顶间距为 900～1200mm。

（3）吊筋。也叫吊杆，轻型吊顶选用 $\phi6$ 钢筋、12 号或 14 号镀锌铁丝；中型、重型吊顶选用 $\phi8$、$\phi10$ 钢筋。如图 8-18 所示。

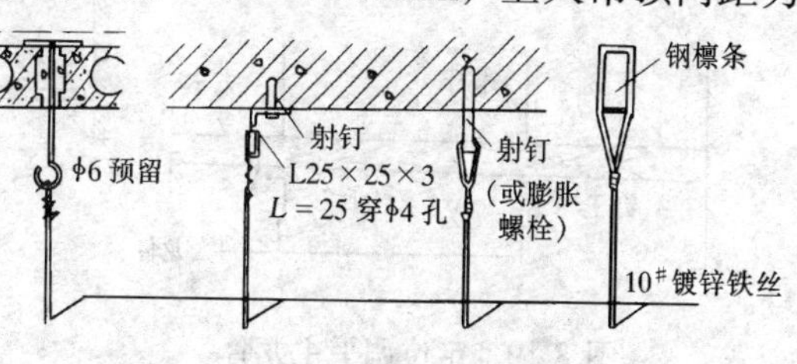

图 8-17　不上人型龙骨吊点安装

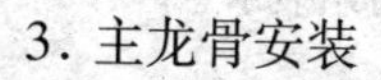

3. 主龙骨安装

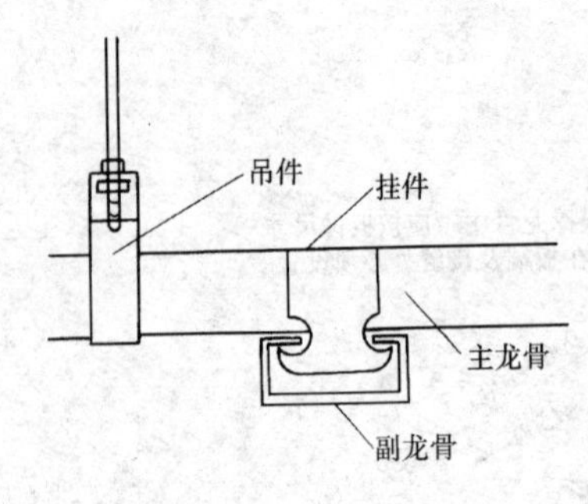

图 8-18　龙骨的装配

（1）沿墙主龙骨的安装，先用电锤在标高线往上20～30mm处打孔，打孔间距即中龙骨的间距，一般为400～600mm。打孔钻头应 $\phi10$ 以上，孔深35～50mm，打孔后将木楔打入。一般将沿墙主龙骨的大面平贴墙壁，用 $\phi3.2$ 电钻钻头对准木楔位置在沿墙主龙骨上钻眼，然后用自攻钉拧紧。安装时龙骨下沿要对准标高线。

（2）主龙骨与吊杆最好是用主吊挂件相连，逐一将各吊点吊住主龙骨。然后，在主龙骨下沿吊线，吊线应以标高线为基准，纵横数道。然后调整主龙骨的水平度，做到每一吊点都调校。这是保证顶棚平整的关键。参见图 8-18。

为控制主龙骨之间的间距，可以用现场常用的长木卡位法。长木方应顶在两端的墙上，以保证主龙骨架不作水平移动。如图 8-19 所示。

4. 副龙骨和横撑龙骨安装

（1）副龙骨在主龙骨下面，两者标高不同且相互垂直。主龙骨定位后，用副吊挂件把副龙骨挂在主龙骨的下面，并用钳子卡紧固定。副龙骨的间距应根据纸面石膏板的出厂规格确定，一般为400～600mm。

（2）横撑龙骨与副龙骨在同一标高且相互垂直。横撑龙骨间距为600mm左右，它是通过支托与副龙骨连接的。

（3）若需安装嵌入式灯具，应预留孔洞，并在孔洞边增加横撑龙骨；安装明式吸顶灯也应增加龙骨。

三、T型铝合金龙骨的安装

T型铝合金龙骨的安装方法有两种：一般安装方法（即双层龙骨）和轻便安装方法（单层龙骨）。家庭装修中大多采用轻便安装方法，其组装示意如图 8-20 所示。

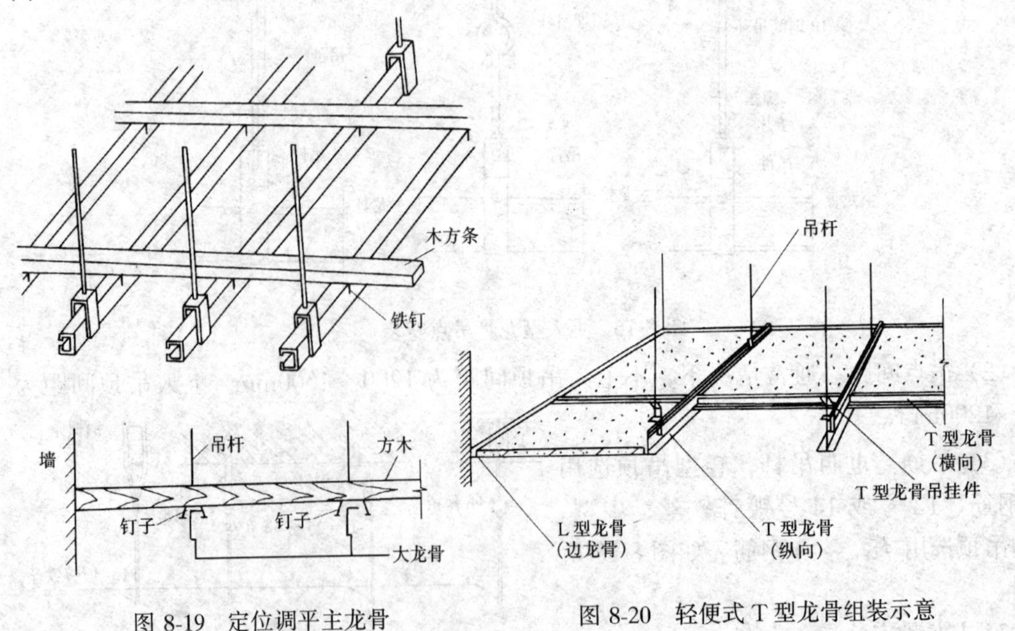

图 8-19　定位调平主龙骨

图 8-20　轻便式 T 型龙骨组装示意

（一）施工工序

轻便型铝合金龙骨吊顶的施工工序为：弹线→固定吊点、吊杆→安装边龙骨→安装主龙骨→安装管线及设备→安装装饰石膏板和横撑龙骨→校正（横平竖直）。

（二）操作要点

1. 弹线定位

在墙面上弹吊顶下沿的标高线，在楼板底面上弹出主龙骨位置线（该线也是吊点的排列线）。主龙骨间距由罩面板的规格尺寸确定，一般为500mm或600mm。

2. 确定吊点和吊筋

吊点与楼板的连接方式，通常采用ϕ8、ϕ10或ϕ12带钩膨胀螺栓，用8号镀锌铁丝作吊筋与吊挂件相连。吊点间距为900～1200mm。

3. 安装主龙骨

主龙骨安装后通过吊挂件上的弹簧钢片调整其水平度，如图8-21所示。

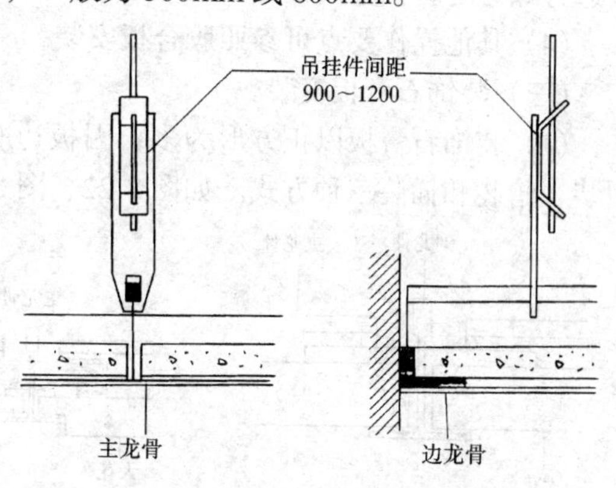

图8-21　轻便式节点图

4. 安装次龙骨

这里的次龙骨即横撑龙骨，它的下料长度应根据罩面板规格而定，如罩面板为600mm×600mm，则可截成600mm。型材切割机刀片会有3mm宽左右的切割损耗，正好弥补大龙骨厚度多出来的尺寸。实际上中龙骨的安装是与罩面板的安装同时进行的。

第三节　吊顶罩面板及装饰线、花饰的安装

一、吊顶罩面板安装

吊顶用罩面板品种很多，不同材质的龙骨其罩面板不一样；而且，同种材质的龙骨也可以使用不同的罩面板与之配套。结合前两节内容，主要介绍家装中常用的与之配套的罩面板的安装。

（一）胶合板安装

（1）封板前应完成顶棚内的管线、设备的安装，照明器具应有足够的预留长度。

（2）为方便施工，应首先封有造型的侧向板或内板，如顶面反光灯槽的内侧板和顶板。

（3）封板时各面对缝处都应有龙骨，以便固定胶合板，胶合板边沿不能有悬空的地方。

（4）为避免胶合板安装完后出现起拱问题，封板打钉时应先从板面的中间开始，然后向四周打钉或顺着一个方向打钉，切忌先钉死板的两头后钉后间。钉距为120～180mm。

（5）钉位要分布均匀，钉帽应没入板表面。3mm的三夹板钉头没入量为0.8～1mm，防火石膏板螺钉头没入量为2mm左右，这样可为后续的涂饰施工创造好的基层。

（二）纸面石膏板安装

（1）封板前应检查各吊点是否有漏装、受力是否均匀、各副吊挂件和支托是否卡紧

等，并完成顶棚内的管线、设备的安装，保证接线有足够的预留长度。

（2）视板面规格大小，应有足够人手或支撑点才能上板。电钻用 $\phi3$ 麻花钻头将石膏板及轻钢龙骨一起钻穿，再用十字螺丝刀将 M4×25 的自攻螺钉固定。钉位应均匀，间距 150～200mm。一般板厚为 9mm，为保证后续饰面有一个良好的基层，螺钉的钉帽应没入板面 2～2.5mm。

（3）板与板拼缝应在龙骨的中心线上，即板与龙骨的搭接宽只有 25mm 左右。因此，板边打螺钉时钉位应离板边 12～15mm。

（4）其他操作要点可参照胶合板安装。

（三）装饰石膏板安装

（1）装饰石膏板以正方形为多，因板边有不同的口形，所以在与 T 型龙骨装配时有明装、暗装和插装三种方式。如图 8-22、图 8-23、图 8-24 所示。

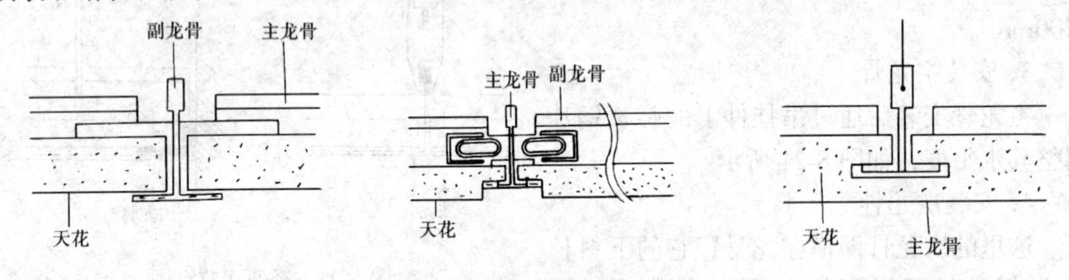

图 8-22　T 型龙骨明装方式　　图 8-23　T 型龙骨暗装方式　　图 8-24　T 型龙骨插装方式

（2）上板前顶棚内的管线及设备应安装完毕。横撑龙骨下料尺寸应与板面规格相符。装板时要控制好龙骨的间隔，保证吊顶外观分格缝横平竖直。

（3）要将非整块板的收边处理布置在边排或不显眼的位置。

（4）因为是活动式吊顶，装板时要注意头、手等身体部位勿碰到大龙骨，以免改变大龙骨间距或把已封好的板跌落下来。

二、顶棚装饰线条的安装

顶棚上的装饰线条按其材质主要有木装饰线和石膏装饰线两大类。按其安装的部位可分为三种，一是安装在顶角处（即室内墙柱面与顶棚面拐角处），俗称“顶角线”或“瓦线”，以及梯级吊顶的凹角部位的阴角线；二是安装在顶棚水平面上的平线；三是梯级吊顶的凸角部位的阳角线。

（一）顶棚木装饰线的安装

1. 基层要求

顶棚木装饰线的基层一般为木质吊顶或直接式抹灰顶棚。若为木质吊顶，要求吊顶罩面板已全部安装完毕且板面平整、阴阳角顺直；若是直接式抹灰顶棚，要求找平层已完成且表面平整、还未涂饰。

2. 操作要点

（1）直接式顶棚安装木装饰线应先在预定位置弹线定位，并在木线的中心位置（平线）或适当靠近边沿的部位标出固定点并用电锤钻孔、打入木楔。固定点间距视木线规格而定。如图 8-25 所示。

（2）木吊顶上安装木装饰线，可直接钉固。木装饰线的安装如图 8-26 所示。

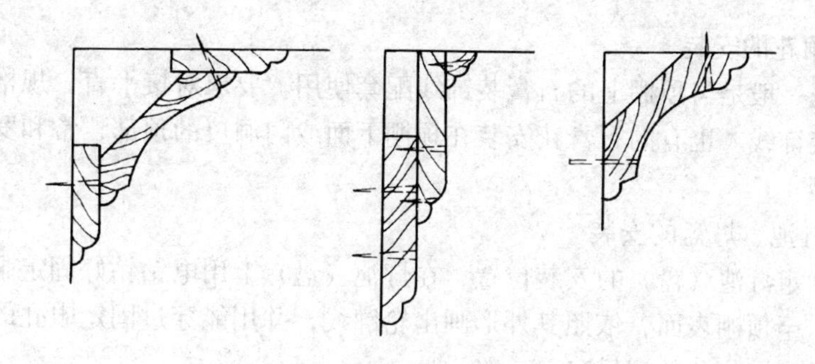

图 8-25　木顶角线安装

(3) 木装饰线需水平连接时，可采取45°、90°连接；木装饰线垂直相接时，应掌握好45°切割的方向，阴角线、阳角线和平线45°切割方向要根据相接部位的情况确定。

(二) 顶棚石膏装饰线的安装

1. 基层要求

顶棚安装石膏装饰线要求吊顶罩面板和墙面罩面板已安装完，或顶棚和墙面抹灰均已找平。

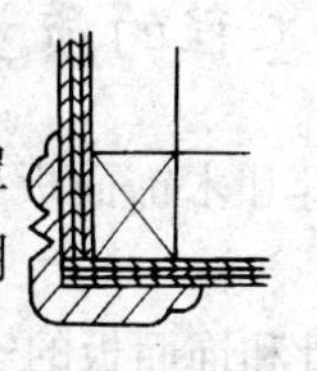

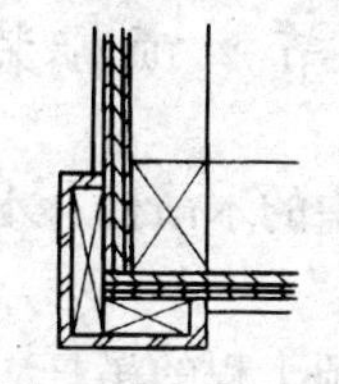

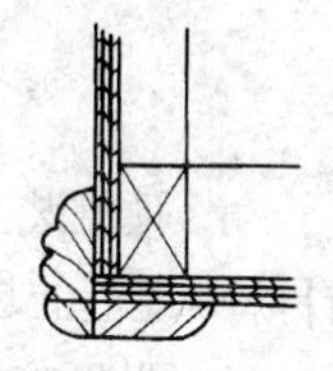

图 8-26　木阳角线安装

2. 操作要点

(1) 在墙面或顶棚面上弹线定位，并标出固定点。其间距在800～1000mm左右，石膏线的接头部位均应布置固定点。

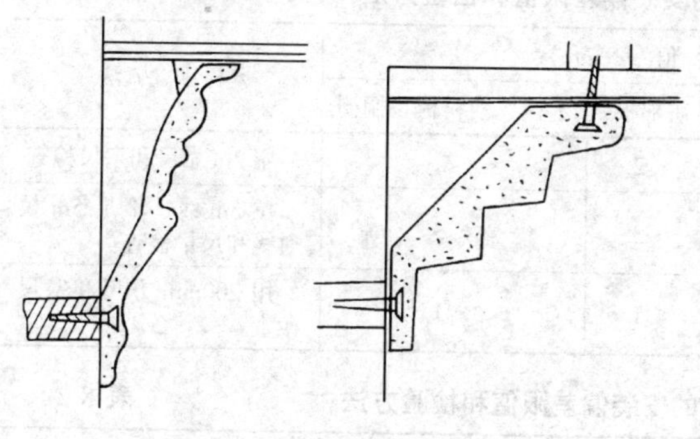

图 8-27　石膏装饰线安装

(2) 石膏线的固定方法可参照木线的方法。各种石膏装饰线的安装如图8-27所示。

(3) 在抹灰面上安装时，要将墙角清理干净，擦去石膏线背面的灰尘，用干净的水将快粘粉调成糊状，用铲刀均匀地涂抹在石膏线两边。因石膏吸水快，胶剂干得也快，所以，涂完后要马上对准位置按压几分钟后，或一人继续按住，另一人用螺钉或气钉在预定位置固定。螺钉应进入木楔25～30mm。

(4) 石膏线的水平或垂直连接可参照木线的有关内容。但应注意保持花纹的连续和完整。

三、顶棚花饰的安装

顶棚上的花饰基本上都是安装在水平面上。根据其形状和部位，主要有角花、灯池、灯盘等；按其材料主要有木花和石膏花两大类。

(一) 木花的安装

木花的安装比较简单，关键是要注意木花的大小、位置、造型、色调是不是与周围其他装饰或木线配套协调。一般只能适当使用或不用。

(二) 石膏花的安装

1. 石膏角花的安装

石膏角花一般是与顶棚上的石膏装饰线配套使用。要求对接平直，规格一致。其固定方法同石膏装饰线。也有的石膏花安装在顶棚下面或门洞口的顶部，常和罗马柱等一同构成门拱的造型。

2. 石膏灯池、灯盘的安装

(1) 先确定灯池（盘）的安装位置，在灯池（盘）上用电钻钻好固定眼孔，然后，托起灯池（盘）至顶棚表面，依照其外形画出轮廓线，并用能穿过固定眼孔的钉子或笔芯在顶棚上做确定木楔位置的记号。

(2) 放下灯池（盘），用锤在记号处打眼并打入木楔。

(3) 涂快粘粉并钉固的方法与石膏线安装相同。

第四节　顶棚装饰工程的质量标准和验收方法

1. 顶棚装工程中的木吊杆、木龙骨和木饰面板必须进行防火处理，并应符合有关设计防火规范的规定。

2. 明暗龙骨吊顶工程的吊杆、龙骨和饰面板的安装必须牢固。

3. 重型灯具、电扇及其他重型设备严禁安装在明、暗龙骨上。

4. 明、暗龙骨吊顶工程饰面板的安装偏差限值和检验方法，如表 8-1，表 8-2 所示。

暗龙骨吊顶工程面板的安装偏差限值和检验方法　　**表 8-1**

项次	项目	偏差限值（mm）				检验方法
		纸面石膏板	金属板	矿棉板	木板、塑料板、搁栅	
1	表面平整度	≤3	≤2	≤2	≤2	用 2m 靠尺和塞尺检查
2	接缝平直度	≤3	≤1.5	≤3	≤3	拉 5m 线，不足 5m 拉通线和尺量检查
3	接缝高低差	≤1	≤0.5	≤1	≤1	用 200mm 方尺和塞尺检查

明龙骨吊顶工程饰面板的安装偏差限值和检验方法　　**表 8-2**

项次	项　目	偏差限值（mm）				检验方法
		石膏板	金属板	矿棉板	塑料板、玻璃板	
1	表面平整度	≤3	≤2	≤3	≤2	用 2m 靠尺和塞尺检验
2	接缝平直度	≤3	≤2	≤3	≤2	拉 5m 线，不足 5m 拉通线和尺量检查
3	接缝高低差	≤1	≤1	≤2	≤0.5	用 200mm 方尺和塞尺检查

思考题与习题

8-1　简述顶棚装饰的分类情况。

8-2　完成 $10m^2$ 木龙骨胶合板面层的吊顶。

8-3　完成 $10m^2$U 型轻钢龙骨纸面石膏板的吊顶。

8-4　完成 $10m^2$T 型铝合金龙骨装饰石膏板的吊顶。

第九章　门窗安装工程

建筑物上使用的门窗大体上可归纳为木门窗、钢门窗、铝合金门窗和塑料门窗四大类别。木门窗应用得最早且极为普遍，是我国建筑物中传统的门窗产品。20 世纪 80 年代初，建筑工业贯彻国家规定的“以钢代木”的方针，各种构造形式的钢门窗迅速发展，铝合金门窗、塑料门窗和近年来推向市场的塑钢窗，以其自身的优点占领了建筑装饰市场并趋于普及。随着建筑科学技术的不断进步、各种新型建筑装饰材料的涌现和装饰施工技术的推陈出新，人们对门窗的使用功能和精神功能的要求也在逐步提高。可以预测，门窗生产和安装技术的发展，必将迅速达到多元化、多层次、多品种的现代化生产和应用水平。

第一节　铝合金门窗安装

铝合金门窗比普通钢、木门窗具有较优良的性能，其气密性、水密性、隔声性、隔热性等均有显著提高。在装有空调设备的建筑中，对防尘、隔声、保温和隔热等有较高要求的建筑，以及多台风、多暴雨、多风沙地区的建筑尤为适宜。铝合金安装后不需再作表面油饰，其框料型材已经过氧化着色处理或是在其表面涂有一层聚丙烯酸树脂保护与装饰膜，使之具有多种柔和色彩或带色花纹，不褪色、不脱落，无须进行维修。

一、门窗质量及安装施工注意事项

（一）门窗制品性能及外观质量要求

1. 性能要求

铝合金门窗必须经过严格的性能试验，达到规定的性能指标后才能安装。主要指标为三项基本性能指标（风压强度性能、空气渗透性能、雨水渗漏性能）以及隔声性能指标、保温性能指标和启闭性能指标。

2. 外观质量要求

铝合金门窗的外观质量，应符合以下规定：

(1) 门窗成品的装饰表面不应有明显的损伤。每樘门窗的局部擦伤、划伤不应超过各等级的有关控制规定。

(2) 门窗上相邻构件的着色表面，不应有明显的色差。

(3) 门窗表面应无毛刺、油斑或其他污迹存在；装配连接处不应有外溢的胶粘剂。

（二）安装施工注意事项

(1) 铝合金门窗安装位置要规矩、方正和牢靠，不得有翘曲、窜角及松动现象。

(2) 对已组装好的门窗框、扇，要按不同的规格堆放整齐；同时要保护好，防止挤压变形。

(3) 铝合金门窗安装要横平竖直，外框与洞口应采用弹性连接固定，不得将门窗外框直接与墙体连接。

(4) 门窗外框与墙体的缝隙应按设计要求处理。若无设计要求，应采用矿棉条或玻璃棉毡条分层填满，外表面用密封胶密实。

(5) 铝合金配件必须要配套，要使门窗安装后开启灵活。

二、铝合金门窗安装工艺

(一) 施工前准备

1. 材料准备

(1) 铝合金门窗：品种、规格、开启形式应符合设计要求。

(2) 附件：连接铁件、固定件、如射钉、水泥钉、膨胀螺栓等。

(3) 防腐材料、填缝材料（矿棉条、玻璃棉毡条、水泥砂浆或细石混凝土)、密封材料、保护材料（固定毛条）等。

2. 机具准备

电钻、冲击电钻、射钉枪、电焊机、切割机、线锯、扳手、螺丝刀、手锤等。

(二) 铝合金门窗的制作

铝合金门窗的制作有两种方法：工厂加工和现场制作。

对于大批量的门窗加工，可以利用工厂的机械设备组成固定流水作业，门窗制作质量高。

现场制作的主要特点是：减少门窗的包装和运输量；制作场地要求不高，所用机具趋于小型化，易于操作。目前小批量的门窗一般采用现场加工的方法。

铝合金门窗的制作工艺是：断料→钻孔→组装→包装。

1. 断料

断料是按设计要求，把门窗料切割成各种半成品，切割工具一般是手提式电锯。切割要求要保证精度，门窗料的颜色要一致。

2. 钻孔

门窗的组装采用螺丝连接。所以，不论是横竖杆件的组装，还是配件的固定，都需要钻孔。

钻孔工具是手提式电钻。钻孔要求位置准确，操作时先画线、打孔、切割，不得在型材表面反复更改钻孔。

3. 组装

铝合金门窗的组装方式有45°角对接、直角对接、垂直对接三种，如图9-1所示。

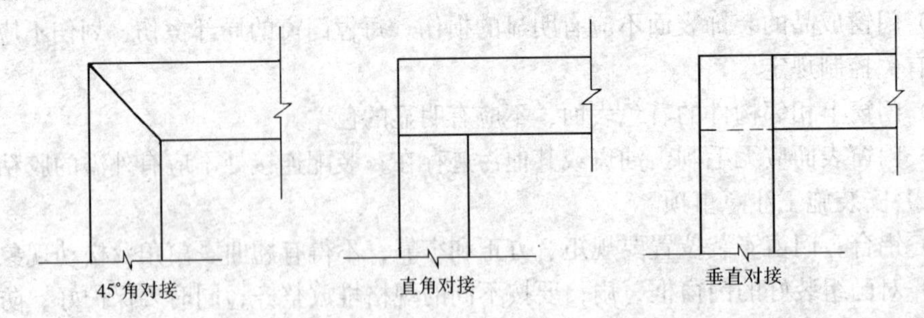

图 9-1 铝合金门窗对接示意图

采用哪一种组装方式，可根据门、窗的类型确定，也可以按设计要求而定。

4. 包装

包装是对组装后的成品表面贴上塑料薄膜。其目的是防止型材表面受损，特别是在填缝的操作中，不得接触到水泥砂浆，否则，型材表面颜色会改变。

（三）铝合金门窗的安装

铝合金门窗的安装是采用塞樘子施工，即先砌墙，预留洞口，然后在洞口内安装门窗。

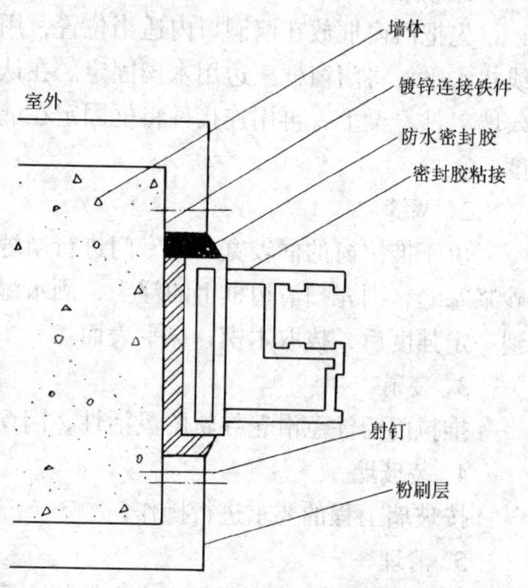

图 9-2 铝框连接件射钉铆固示意图

铝合金门窗的安装顺序是：门窗框就位→门窗框固定→填塞缝隙→门窗扇安装→安装五金配件→清理保护。具体要求如下：

1. 门窗框就位

把门窗框放在洞口的安装位置线上，调整其垂直度、水平度和对角线，符合要求后用木楔临时固定。

2. 门窗框固定

混凝土墙体施工时，先用镀锌螺钉把铁脚铆固在铝框上，再用直径为 45mm 的射钉把铁脚与墙体固定，如图 9-2 所示；砖砌体施工时，不宜用射钉连接，要用冲击钻钻直径为 10mm 以上的深孔，再用膨胀螺栓固定，如图 9-3 所示。

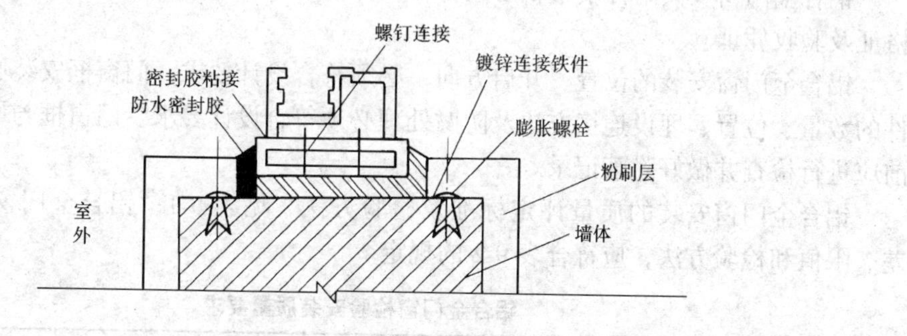

图 9-3 膨胀螺栓紧固连接件

3. 填塞缝隙

按设计要求塞缝。用矿棉条或玻璃棉毡条塞缝，然后用密封膏封口；用水泥砂浆或细石混凝土塞缝。

4. 装门窗扇

平开门窗一般是框与扇构架组装上墙，先调整好框与扇的缝隙，玻璃安装后再调整一次，最后镶嵌密封条和密封胶；推拉门窗一般在门窗框安装固定好后，先将玻璃安装在门窗扇上，再整块安装，调整好框与扇的缝隙。

5. 安装五金配件

安门锁、暗插锁、滚轮、铝窗持手、联动持手、地弹簧、勾锁、半形持手等。

6. 清理保护

玻璃擦洗干净，浮灰、杂物清除，撕掉型材表面的塑料保护薄膜。

（四）安装要点

1. 安框

先把门窗框放在墙洞口内适当位置，用吊线坠吊直，然后用木楔临时固定。与外墙边线找水平，将门窗框三边用木楔固定。在认定门窗框水平、垂直、无扭曲后，用射钉枪钉入墙、柱、梁上，再用连接件将框固定在墙、柱、梁上。框固定后还要复查平整度和垂直度。

2. 塞缝

由于推拉窗的框较宽，应专门进行填缝。填缝的目的是达到封闭、防水。如果用水泥砂浆塞缝，则先扫清边框上的浮土，洒水湿润基层，用1:2水泥砂浆分层填实，待塞灰达到一定强度后，拔取木楔，抹平表面。

3. 装扇

推拉门窗注意滑轮导轨的灵活性，门窗与框之间要留一定的缝隙。

4. 装玻璃

按玻璃工程的要求进行操作。

5. 清理

门窗上的塑料保护薄膜应小心撕掉，不可用铲刀铲，以防划伤表面。撕掉后若仍有胶痕，可用香蕉水清理干净。

三、铝合金门窗安装的质量标准和检验方法

铝合金门窗及其附件质量，必须符合设计要求和有关标准的规定，应具有产品出厂合格证及验收凭证。

铝合金门窗安装的位置、开启方向，必须符合设计要求。门窗框安装必须牢固。预埋件的数量、位置、埋设连接方法及防腐处理必须符合设计要求。门窗框与墙体间缝隙填塞前应进行检查并做好隐蔽记录。

铝合金门窗安装的质量评定标准及检验方法，见表9-1；铝合金门窗安装的允许偏差、限值和检验方法，应符合表9-2的规定。

铝合金门窗检验安装质量要求 **表9-1**

项次	种类	质量等级	质量要求	检验方法
1	平开门窗扇	合格	关闭严密，间隙基本均匀，开关灵活	观察和开闭检查
		优良	开关严密，间隙均匀，开关灵活	
2	推拉门窗	合格	关闭严密，间隙基本均匀，扇与框搭接量大于设计要求的80%	观察和用深度尺检查
		优良	关闭严密，间隙均匀，扇与框搭接符合设计要求	
3	弹簧门扇	合格	自动定位准确，开启角度为90℃，关闭时间在3～5s范围之内	用秒表、角度尺检查
		优良	自动定位准确，开启角度为90℃，关闭时间在6～10s范围之内	
4	门窗附件安装	合格	附件齐全，安装牢固，灵活使用，达到各自的功能	观察、手扳和尺量检查
		优良	附件齐全，安装位置正确，牢固，灵活使用，达到各自的功能	

续表

项次	种 类	质量等级	质 量 要 求	检验方法
5	门窗框与墙体间缝隙填嵌	合格	填嵌基本饱满密实，表面平整，填塞材料、方法基本符合设计要求	观察检查
		优良	填嵌基本饱满密实，表面平、光滑、无裂缝，填塞材料，方法符合设计要求	
6	门窗外观	合格	表面洁净，无明显划痕、碰伤，基本无锈蚀；表面基本光滑	观察检查
		优良	表面洁净，无划痕、碰伤，无锈蚀；表面光滑、平整、厚度一致	
7	密封质量	合格	关闭后各配合处无明显缝隙，不透气、透光	观察检查
		优良	关闭后各配合处无缝隙，不透气、透光	

铝合金门窗安装的允许偏差和检验方法 表 9-2

项次	项 目		允许偏差（mm）	检验方法
1	门窗槽口宽度、高度	≤1500mm	1.5	用钢尺检查
		>1500mm	2	
2	门窗槽口对角线长度差	≤2000mm	3	用钢尺检查
		>2000mm	4	
3	门窗框的正、侧面的垂直度		2.5	用垂直检测尺检查
4	门窗横框的水平度		2	用1m水平尺和塞尺检查
5	门窗横框标高		5	用钢尺检查
6	门窗竖向偏离中心		5	用钢尺检查
7	双层门窗内外框间距		4	用钢尺检查
8	推拉门窗扇与框搭接量		1.5	用钢直尺检查

第二节 塑料门窗安装

世界各国使用塑料门窗已有40多年的历史，我国为了发展塑料建材制品工业，1984年，先后从德国、意大利和奥地利等国引进塑料门窗生产线，基本工艺是利用双螺旋挤压机挤出低填料的改性聚氯乙烯（PVC）中空异形材，然后根据设计要求组装成塑料门窗。塑料门窗用于建筑物上之后，其优越性正被人们逐步认识与认同，国内市场已经打开，塑料门窗工业正在蓬勃地发展。

一、门窗质量要求

（1）门窗的外观、外形尺寸、装配质量及力学性能，应符合国家标准的有关规定；门窗中竖框、中横框或拼樘料等主要受力杆件中的增强型钢，应在产品说明中注明规格、尺寸。门窗的抗风压、空气渗透、雨水渗透三项基本物理性能应符合《PVC塑料门》（JG/T3017）、《PVC塑料窗》（JG/T3018）中对这三项性能分级的规定及设计要求，并附有等级的质量检测报告。如果设计对保温、隔声性能提出要求，其性能既应符合设计要求也应同时符合上述标准的规定。门窗产品应具有出厂合格证。

（2）窗的构造尺寸，应包括预留洞口与待安装窗框的间隙及墙体饰面材料的厚度。其间隙应符合表 9-3 的规定。

洞口与窗框间隙 **表 9-3**

墙体饰面层材料	洞口与窗框间隙（mm）
清水墙	10
墙体外饰面抹水泥砂浆或贴马赛克	15～20
墙体外饰面贴釉面砖	20～25
墙体外饰面镶贴大理石或花岗岩	40～50

（3）门的构造尺寸，应符合下列要求

1）门边框与洞口间隙也应符合表 9-3 的规定；

2）无下框平开门框的高度应比洞口大 10～15mm；带下框的平开门或推拉门的门框高度应比洞口高度小 5～10mm。

（4）门窗不得有焊角开焊、型材断裂等损坏现象，框和扇的平整度、直角度和翘曲度以及装配间隙应符合国家标准 JG/T3017 和 JG/T3018 的有关规定，并不得有下垂和翘曲变形，以避免妨碍开关功能。

（5）在安装五金配件时，宜在其相应位置的型材内增设 3mm 厚度的金属衬板。五金配件的安装位置及数量，均应符合国家标准的规定。

（6）门窗表面不应有影响外观质量的缺陷。

（7）密封条的装配应均匀、牢固；接口应粘结严密、无脱槽现象。

二、施工准备

（一）墙体及洞口的质量要求

（1）塑料门窗应采用塞樘子安装，即采用预留洞口法安装。门窗洞口尺寸应符合现行国家标准的规定。对于加气混凝土墙洞口，应预埋胶粘圆木。

（2）门窗及玻璃的安装，应在墙体湿作业完工且硬化后进行。当需要在湿作业前进行时，应采取保护措施。

（3）当门窗采用预埋木砖法与墙体连接时，其木砖应进行防腐处理。

（4）对于同一类型的门窗及其相邻的上、下、左、右洞口应保持通线，洞口应横平竖直；对于高级装饰工程及放置过梁的洞口，应做洞口样板。洞口宽度与高度尺寸的允许偏差，应符合表 9-4 的规定。

洞口宽度或高度尺寸的允许偏差（JGJ103—96） **表 9-4**

墙 体 表 面	洞口宽度或高度（mm）		
	＜2400	2400～4800	＞4800
未粉刷墙面	±10	±15	±20
已粉刷墙面	±5	±10	±15

（5）塑料门窗安装时，其环境温度不宜低于 5℃。

（6）组合窗的洞口，应在拼樘料的对应位置设预埋件或预留洞。

（7）门窗安装应在洞口尺寸经检查且合格，并办好工种间交接手续后，方可进行。

（二）安装施工前的准备

（1）安装工程中所使用的塑料门窗部件、配件、材料等在运输、保管和施工过程中，应采取防止其损坏或变形的措施。

（2）门窗应放置在清洁、平整的地方。门窗不应直接接触地面，应用垫木垫起；门窗应立放，并应采取防倾倒措施。

（3）储存塑料门窗的环境温度应小于50℃；当在环境温度为0℃时，安装前应将门窗转入室温环境放置24h。

（4）装运塑料门窗时，应竖立排放并固定牢靠，防止颠震损坏。樘与樘之间应用非金属材料隔开；五金配件也应相互错开，以免损伤五金配件。

（5）当洞口需要设置预埋件时，应检查预埋件是否就位；预埋件的数量应与固定片的数量一致，其标高和坐标位置应准确。

（6）门窗安装前，应按设计图纸的要求检查门窗的数量、品种、规格、开启方向及外形等；五金件、密封条、紧固件等应齐全，不合格者应予以更换。

三、安装施工

（一）塑料门窗安装工序

根据规程的规定，塑料门窗安装的工序宜符合表9-5的规定。

塑料门窗安装的工序（JGJ103—96）　　**表9-5**

序　号	工程名称	门　窗　类　型					
		平开窗	推拉窗	组合窗	平开门	推拉门	连窗门
1	补贴保护膜	✓	✓	✓	✓	✓	✓
2	框上找中线	✓	✓	✓	✓	✓	✓
3	安装固定片	✓	✓	✓	✓	✓	✓
4	洞口找中线	✓	✓	✓	✓	✓	✓
5	卸玻璃	✓	✓	✓	✓	✓	✓
6	框进洞口	✓	✓	✓	✓	✓	✓
7	调整定位	✓	✓	✓	✓	✓	✓
8	与墙体固定	✓	✓	✓	✓	✓	✓
9	装拼樘料			✓			✓
10	装窗台板	✓	✓	✓			✓
11	填充弹性材料	✓	✓	✓	✓	✓	✓
12	洞口抹灰	✓	✓	✓	✓	✓	✓
13	清理砂浆	✓	✓	✓	✓	✓	✓
14	嵌缝	✓	✓	✓	✓	✓	✓
15	装玻璃	✓	✓	✓	✓	✓	✓
16	装纱窗（门）	✓	✓	✓	✓		✓
17	安装五金件				✓	✓	✓
18	表面清理	✓	✓	✓	✓	✓	✓
19	撕下保护膜	✓	✓	✓	✓	✓	✓

注：表中“✓”号表示应进行的工序。

（二）塑料门窗的安装

（1）在窗框的上、下边画中线。

（2）安装固定片，应符合以下要求：

1）应在检查窗框上、下边的位置及其内外朝向，并确认无误后再安装固定片。安装时应先采用直径为 3.2mm 的钻头钻孔，然后将十字槽盘头自攻螺钉 M4×20 拧入。

2）固定片的位置应距窗角、中竖框、中横框 150～200mm，固定片之间的间距应≤600mm，如图 9-5 所示。不得将固定片直接装在中横框、中竖框的挡头上。

（3）测出各窗口中心线，并逐一作出标记。高层建筑的塑料窗安装，可从高层一次垂吊。

（4）当将窗框装入洞口时，其上下框中线应与洞口中线对齐；窗的上下四角及中横框的对称位置用木楔或垫块塞紧作临时固定；当下框长度大于 900mm 时，其中央也应用木楔或垫块塞紧作临时固定。然后按设计确定窗框在洞口墙体厚度方向的安装位置，并调整窗框的垂直度、水平度及直角度，其允许偏差应符合表 9-6 的规定。

塑料门窗安装的允许偏差和检验方法　　表 9-6

项次	项目		允许偏差（mm）	检验方法
1	门窗槽口宽度、高度	≤1500mm	2	用钢尺检查
		＞1500mm	3	
2	门窗槽口对角线长度差	≤2000mm	3	用钢尺检查
		＞2000mm	5	
3	门窗框的正、侧面垂直度		3	用 1m 垂直检测尺检查
4	门窗横框的水平度		3	用 1m 水平尺和塞尺检查
5	门窗横框标高		5	用钢尺检查
6	门窗竖向偏离中心		5	用钢尺检查
7	双层门窗内外框间距		4	用钢尺检查
8	同樘平开门窗相邻扇高度差		2	用钢尺检查
9	平开门窗铰链部位配合间隙		+2；−1	用塞尺检查
10	推拉门窗扇与框搭接量		+1.5；−2.5	用钢直尺检查
11	推拉门窗与竖框平行度		2	用 1m 水平尺和塞尺检查

（5）在窗与墙体固定时，应先固定上框，而后固定下框，固定方法应符合以下要求：

1）混凝土墙洞口应采用射钉或膨胀螺钉固定；

2）砖墙洞口应采用塑料膨胀螺钉或水泥钉固定，但不得固定在砖缝处；

3）加气混凝土墙洞口，应采用木螺钉将固定片固定在胶粘圆木上；

4）对于设有预埋铁件的洞口，可采用焊接的方法固定，也可先在预埋铁件上按紧固件规格打基孔，然后用紧固件固定；

5）窗下框与墙体的固定，如图 9-4 所示，将固定片埋入即可。

（6）当设计要求安装窗台板时，应将窗台板插入窗下框，使窗台板与窗下框结合严密，其安装的水平精度与窗框一致，如图 9-5 所示。

（7）安装组合窗时，拼樘料与洞口的连接应符合以下要求：

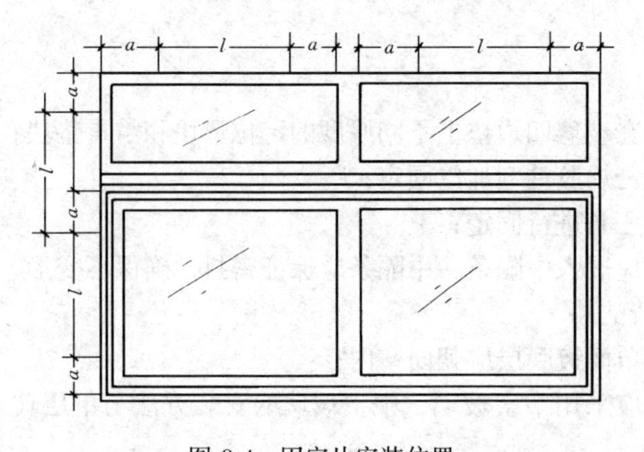

图 9-4 固定片安装位置

a—窗框端头（或中框）与固定片的距离：(150～200mm)；

l—固定片之间的间距不大于 600mm

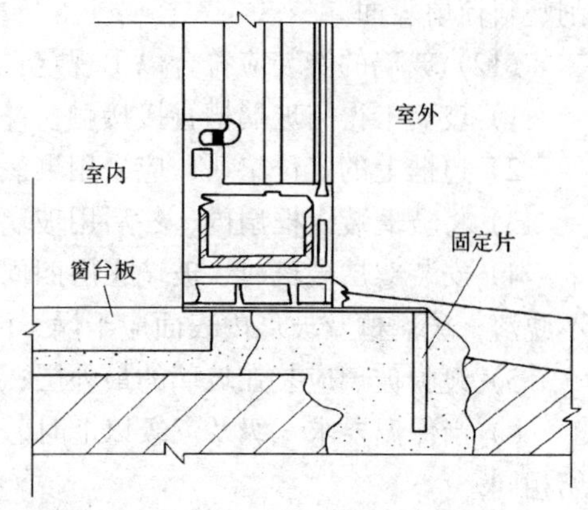

图 9-5 窗下框与墙体的固定

1）拼樘料与混凝土过梁或柱的连接，应采用预埋铁件的做法，用焊接或在预埋铁件上打基孔，采用紧固件固定；

2）拼樘料与砖墙连接时，应先将拼樘料两端插入预留洞中，然后用强度等级为 C20 的细石混凝土浇灌固定。

(8) 塑料窗拼樘组合时，应将两窗框与拼樘料卡接，卡接后用紧固件双向拧紧，其间距应为 600mm；紧固件端头及拼樘料与窗框间的缝隙应采用嵌缝膏进行密封处理。

(9) 窗框与洞口之间的伸缩缝内腔，应采用闭孔泡沫塑料、发泡聚苯乙烯等弹性材料分层填塞，填塞不宜过紧。对于保温、隔声等级要求较高的工程，应采用相应的隔热和隔声材料填塞。填塞后，撤掉临时固定所用的木楔或垫块，其孔隙也应采用闭孔弹性材料进行填塞。

(10) 门窗洞口内外侧与窗框之间的缝隙，其处理方法应符合以下要求：

1）普通单层玻璃窗，其洞口内外侧与窗框之间的框墙间隙，应采用水泥砂浆或麻刀灰浆填塞抹平；靠近铰接一侧，灰浆压住窗框的厚度宜以不影响扇的开启为限，待灰浆凝结硬化后，其外侧应采用嵌缝膏进行密封处理。

2）保温、隔声窗，其洞口内侧与窗框之间的缝隙应采用水泥砂浆填实抹平；当外侧抹灰时，应采用片材将抹灰层与窗框临时分开，片材厚度为 5mm，抹灰面应超过窗框，其厚度以不影响窗扇的开启为限，如图 9-6 所示。待外抹灰层硬化后撤去片材，并将嵌缝膏挤入抹灰层与窗框的缝隙内。保温、隔声等级要求较高的工程，其洞口的内侧与窗框之间也应采用嵌缝膏密实。

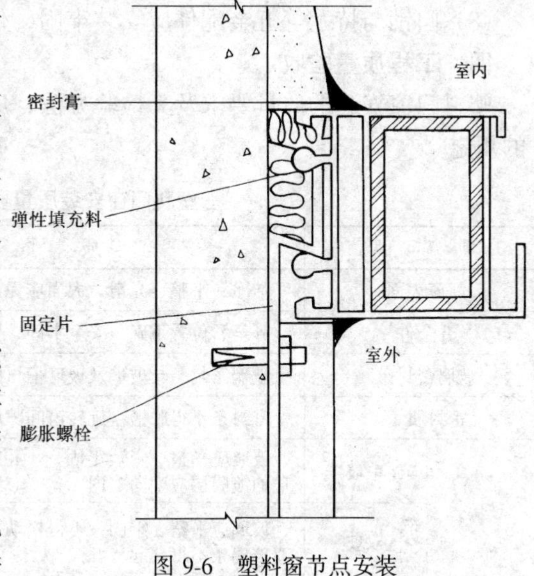

图 9-6 塑料窗节点安装

(11) 窗扇上若粘有灰浆，应在其硬化前用湿布擦拭干净，不得使用硬质材料铲刮塑料窗扇表面。

(12) 玻璃的安装应符合以下规定：

1) 玻璃不得与玻璃槽直接接触，并在玻璃四边垫上不同厚度的定位垫块和承重垫块；

2) 边框上的定位垫块，应采用聚氯乙烯胶粘剂加以固定；

3) 将玻璃装入框扇内，然后用玻璃压条进行固定；

4) 安装双层玻璃时，玻璃夹层四周应嵌入中隔条，中隔条应保证密封，确保不变形、不脱落；玻璃槽及玻璃内表面应干燥、清洁；

5) 镀膜玻璃应装在玻璃的最外层；单面镀膜层应朝向室内；

6) 当保温要求三级及三级以上时，应采用中空玻璃，中空玻璃的安装方法与单层玻璃相同；

(13) 安装五金件、纱窗铰链及锁扣后，应整理纱网和压实压条。

(三) 塑料门的安装

(1) 门的安装应在地面工程施工前进行。

(2) 在门框及洞口上画出垂直中线。

(3) 在门的上框及边框上安装固定片，其安装方法同窗框固定片的安装相同。

(4) 确定门框的安装位置、开启方向并将门装入洞口。安装时要防止门框变形。无下框平开门应使两边框的下脚低于地面标高线，其高度差宜为 30mm；带下框平开门或推拉门应使下框低于地面标高线，其高度差宜为 10mm。

将上框的一个固定片固定在洞口墙体上，调整门框的水平度、垂直度和直角度，然后用木楔作为临时定位。

(5) 将其余的固定片固定在墙体上，其固定方法与塑料窗相同。

(6) 安装连窗门时，门与窗应采用拼樘料连接。拼樘料下端应固定在窗台上，其安装方法同塑料窗相同。

(7) 门框与洞口墙面间的缝隙处理，以及门表面或框槽内粘有残余灰浆时应及时清理，其方法同塑料窗安装。

(8) 门锁与持手等五金配件应安装牢固，位置正确，开关灵活。

四、工程质量验收

塑料门窗安装的质量要求及其检验方法，应符合表 9-7 的规定；允许偏差应符合表 9-6 的规定。

塑料门窗安装质量要求和检验方法 **表 9-7**

项目		质量要求	检验方法
门窗表面		洁净、平整、光滑，大面应无划痕、碰伤	观察
五金件		齐全、位置正确、安全牢固、使用灵活	观察，尺量
玻璃密封条		玻璃密封条与玻璃及玻璃槽口的接缝应平整，不得卷边	观察
密封质量		密封条不得脱槽，旋转窗间隙应基本均匀	观察
玻璃	单玻	玻璃应平整、安装牢固，不得松动，表面应洁净，单面镀膜玻璃的镀膜层应朝向室内	观察
	双玻	玻璃应平整、牢固，不得松动，玻璃夹层内不应有灰尘和水气，双玻璃条不得翘起	观察

续表

项 目		质 量 要 求	检验方法
压条		压条与型材接缝处无缝隙，接缝隙应≤1mm	观察
拼樘料		应与窗框连接紧密，不得松动，螺钉间距应≤600mm，内衬增强型钢两端应与洞口牢固，拼樘料与窗框间用嵌缝膏密封	观察
开关件	平开门窗扇	关闭严密、搭接量均匀，开启灵活，密封条不得脱槽。开关力：开铰链应≤80N，滑撑铰链应在80～30N之间	观察，弹簧秤
	推拉门窗扇	关闭严密，扇与框搭接量符合设计要求，开关力≤100N	观察，深度尺，弹簧秤
	旋转窗	关闭严密，间隙基本均匀，开关灵活	观察
框与墙体连接		门窗框横平竖直，高低一致，固定片安装位置正确，间距应≤600mm。框与墙体连接牢固，缝隙内用弹性材料填嵌饱满，表面用嵌缝膏密封，无裂缝	观察
排水孔		畅通，位置正确	观察

第三节 全玻璃装饰门

在现代装饰工程中，采用全玻璃装饰门所用玻璃多为厚度在12mm以上的厚质浮法白

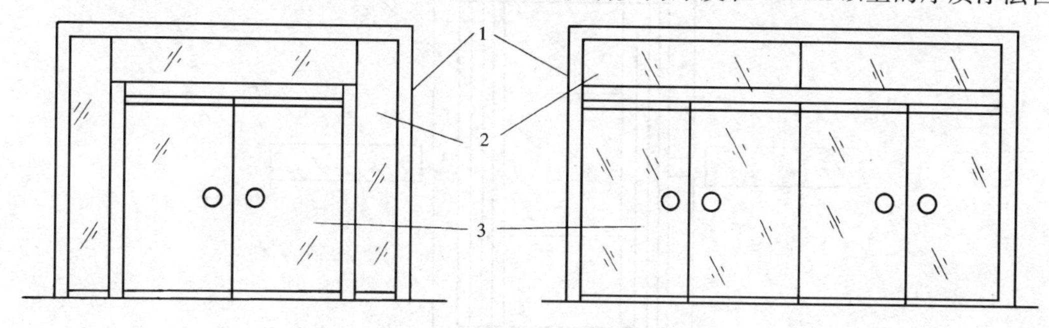

图 9-7 全玻璃装饰门的形式实例

1—金属包框；2—固定部分；3—活动开启扇

玻璃、雕花玻璃、钢化玻璃等，有的设有金属框架，有的活动门扇除玻璃之外只有局部的金属边条。框、扇、拉手等细部的金属装饰多是镜面不锈钢、镜面黄铜等材料，如图9-7所示。

一、固定玻璃门安装

(一) 施工准备

安装玻璃之前，门框的不锈钢板或其他饰面包覆安装应完成，地面的装饰施工也应完成。门框顶部的玻璃安装限位槽已留出，其限位槽的宽度应大于所用玻璃厚度2～4mm，槽深10～20mm，如图9-8所示。

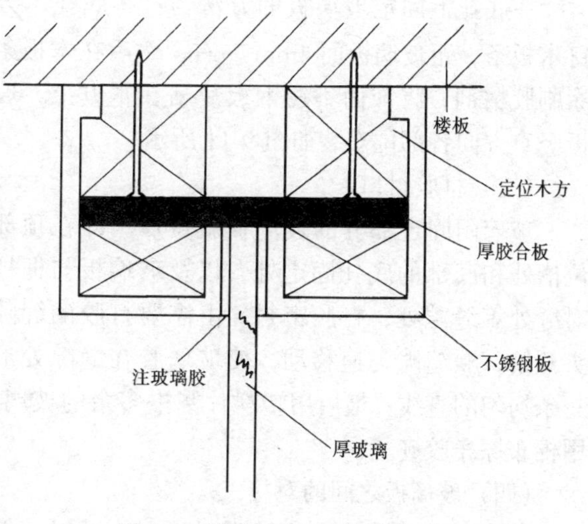

图 9-8 顶部门框玻璃限位构造

不锈钢饰面的木底托，可用木楔加钉的方法固定于地面，然后再用万

能胶将不锈钢饰面板粘卡在木方上。如果是采用铝合金方管，可用铝角将其固定在框柱上，或用木螺钉固定于地面埋入的木楔上，如图 9-9 所示。

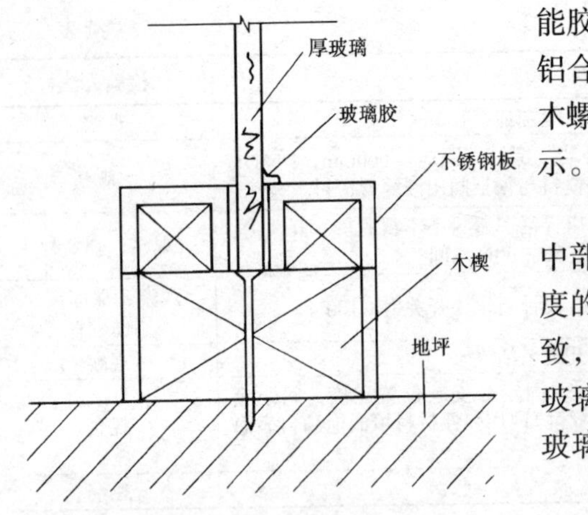

图 9-9　底部木底托构造做法

厚玻璃的安装尺寸，应从安装位置的底部、中部和顶部进行测量，选择最小尺寸为玻璃板宽度的切割尺寸。如果在上、中、下测得的尺寸一致，其玻璃宽度的裁割应比实测尺寸小2～3mm。玻璃板的高度裁割也应小于实测尺寸 3～5mm。玻璃板四周应作倒角处理，宽度为 2mm。

（二）安装玻璃

将玻璃就位之后，应先把玻璃板上边插入门框底部的限位槽内，然后将其下边安放在木底托上的不锈钢包面对口缝内，如图 9-10 所示。

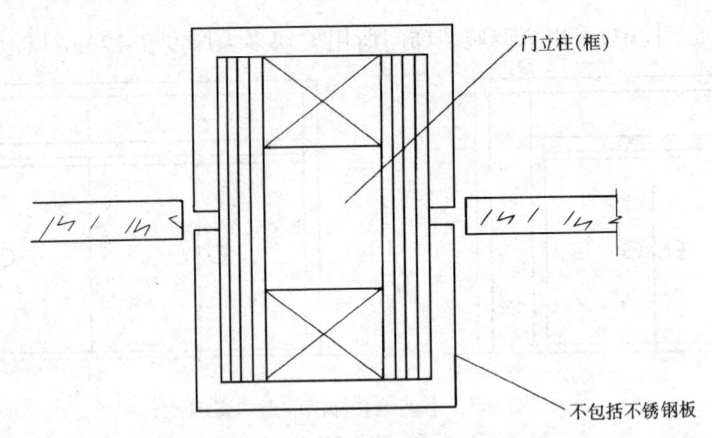

图 9-10　玻璃门框柱与玻璃板安装的构造关系

在底托上固定玻璃板的方法为：在底托木方上钉木板条，距玻璃板面 4mm 左右；然后在木板条上涂刷胶粘剂，将饰面不锈钢板片粘在木方上。玻璃板竖直方向各部位安装如图 9-11 所示。

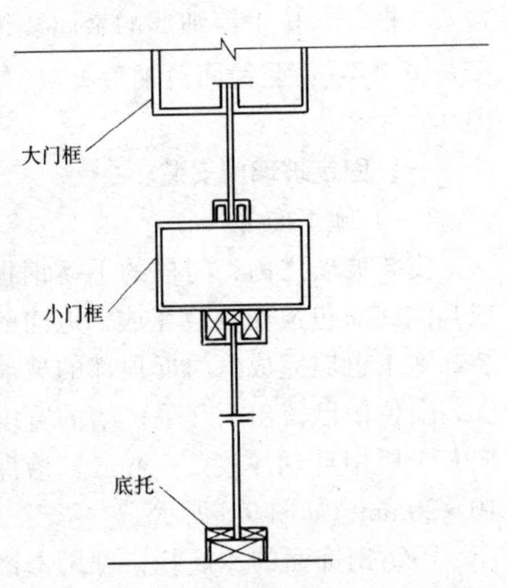

图 9-11　玻璃门竖向安装构造示意

（三）打胶封口

玻璃门固定部分的玻璃板就位后，即在顶部限位槽处和底部的底托固定处，以及玻璃板与框柱的对缝处等缝隙处，打胶密封。由需要打胶的缝隙端头开始，顺缝隙匀速移动，使玻璃胶在缝隙处形成一条均匀的直线。最后用塑料片刮去多余的玻璃胶，用棉布擦净胶迹。

（四）玻璃板之间的对接

门上固定部分的玻璃板需对接时，其对接缝留有2～3mm的宽度，玻璃板边部要进行倒角处理。当玻璃块留缝定位并安装稳固后，即将玻璃胶注入对接的缝隙内，用塑料片在玻璃板对缝的两面把胶刮平，用布擦净残迹。

二、活动玻璃门扇安装

全玻璃活动门扇的结构没有门扇框，门扇的关闭由地弹簧控制，地弹簧与门扇的上下金属横档进行铰链，如图9-12所示。

玻璃门扇的安装方法与步骤如下：

(1) 门扇安装前，应将地面上的地弹簧和门扇顶面横梁上的定位销安装固定完毕，两者必须同一装轴线，地弹簧转轴与定位销为同一中心线。

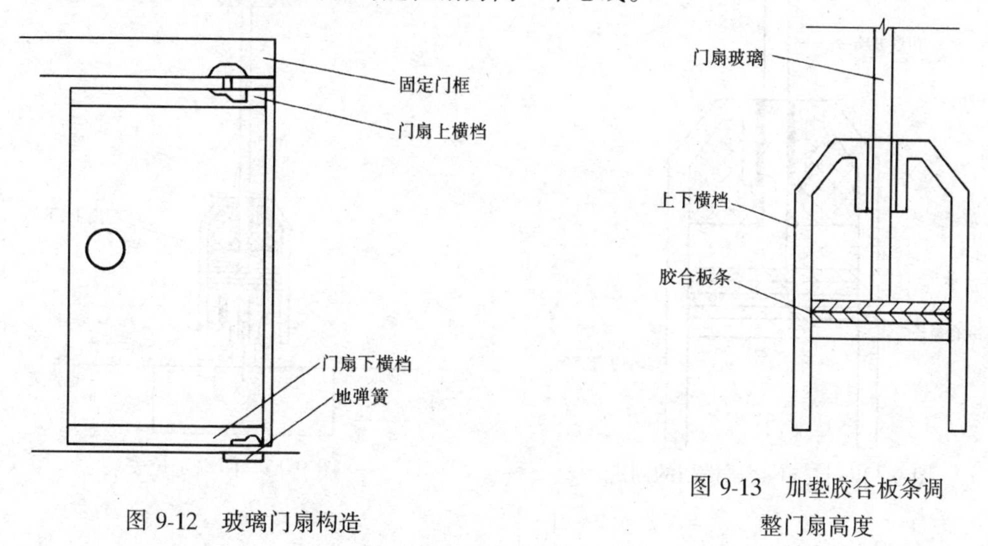

图9-12　玻璃门扇构造

图9-13　加垫胶合板条调整门扇高度

(2) 在玻璃门扇的上下金属横档内划线，按线固定转动销的销孔板和地弹簧的转动轴连接板。

(3) 玻璃门扇的高度尺寸，在裁割玻璃板时应注意包括插入上下横档的安装部位。一般情况下，玻璃高度尺寸应小于测量尺寸5mm左右，以便于安装时进行定位调节。

(4) 把上、下横档分别装在厚玻璃门扇上、下两端，并进行门扇高度的测量。如果门扇高度不足，即其上、下边距门横框及地面的缝隙超过规定值，可在上、下横档内加垫胶合板条进行调节，如图9-13所示。如果门扇高度超过安装尺寸，只能由专业玻璃工将门扇多余部分裁去。

(5) 门扇高度确定后，即可固定上、下横档，在玻璃板与金属横档内的两侧空隙处，由两边同时插入小木条，轻敲稳实，然后在小木条、门扇玻璃之间形成的缝隙中注入玻璃胶，如图9-14所示。

(6) 进行门扇定位安装。先将门框横梁上的定位销本身的调节螺钉调出横梁平面1～2mm，再将玻璃门扇竖起来，把门扇下横档内的转动销连接件的孔位对准地弹簧的转动销，并转动门扇将孔位套入销轴内。然后把门扇转动90°使之与门框横梁成直角，把门扇上横档中的转动连接件的孔对准门框横梁上的定位销，将定位销插入孔内15mm左右（调动定位销上的调节螺钉），如图9-15所示。

(7) 安装门拉手。全玻璃门扇上的拉手孔洞，一般是事先订购时就加工好的，拉手连接部分插入孔洞时不能很紧，应略有松动。安装前在拉手插入玻璃的部分涂少许玻璃胶；

若插入过松，可在插入部分裹上软质胶带。拉手组装时，其根部与玻璃贴靠紧密后再拧紧固定螺钉，如图 9-16 所示。

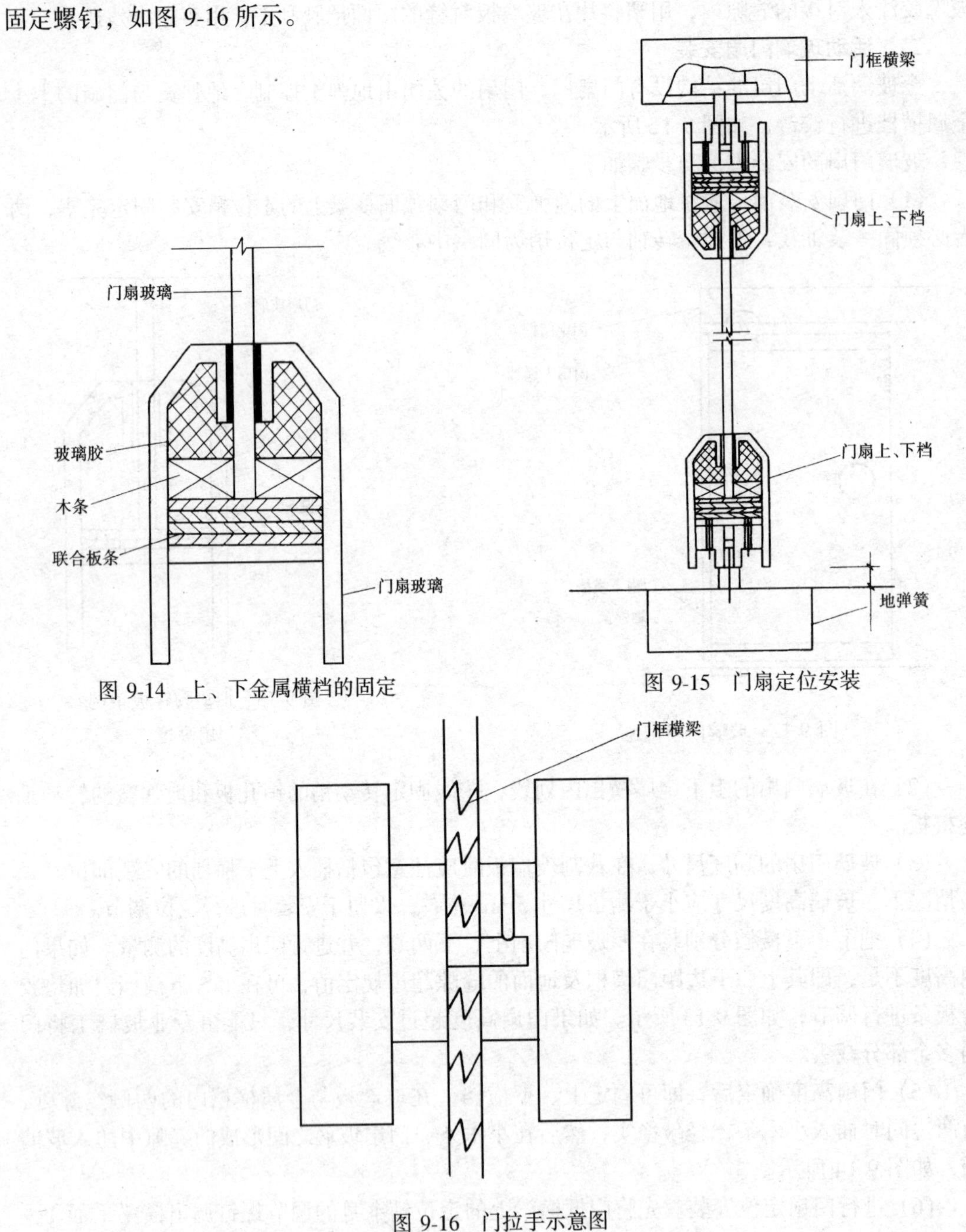

图 9-14　上、下金属横档的固定

图 9-15　门扇定位安装

图 9-16　门拉手示意图

思考题与习题

9-1　试述铝合金门窗的安装要点。

9-2　试述塑料门窗的安装要点。

9-3　厚玻璃板装饰门的活动扇如何安装？

第十章 店面装饰工程

店面装饰是商业建筑立面效果的有机组成部分，是其艺术处理的深化和专业性的完善。商业门店的设计与装饰施工水平的高低，可以反映其经济实力、文化层次和经营商品的基本特色。因此，店面的立面、入口处的墙面、雨篷、招牌、广告以及橱窗等部位的装饰，便成了建筑装饰工程中一个十分重要而又较为特殊的装饰门类。

第一节 店面装饰工程的原则和特点

店面门面的装饰艺术风格和工程特点，取决于环境规划要求及使用功能要求，最终取决于设计方案。

一、店面装饰的基本原则

(1) 形式与内容相统一，坚持功能实用、技术先进、造型美观、环境相宜的建筑设计原则。

(2) 在店面装饰工程中，在强调商业门店的经营特点及追求店面艺术风格的同时，应注意与建筑环境的整体和谐。做到统一中有变化，变化中有统一。

(3) 反映商业建筑的形象特征及各类商店的个性，构思新颖，造型与饰面美观，富有时代感并注意反映历史文脉和地方特色。

(4) 装饰造型和装饰材料的选用应做到经济适用，设计合理，注重形体与质地效果的经济效益。

二、店面装饰工程的形式和特点

1. 与环境相协调

店面的立面造型与周围建筑的形式和风格应基本统一；墙面构成与建筑物的体量、比例及立面尺度的关系较为适宜；店面装饰的各种构成图案，应做到重点突出，主次分明，对比构成富有节奏和韵律感。

2. 有明显识别性和导向性

入口与橱窗是店面的重点部位，其造型形式、商品的展示及布置方式要根据商店的经营形式、地段环境、人文文化等具体条件确定。商店入口和橱窗与匾牌、广告、标志及店徽等的位置尺度相宜并有明显的识别性和导向性。

3. 充分利用空间

充分利用并组织好店面的边缘空间，如商店前沿的骑楼、柱廊、悬挑雨篷下的临街活动空间等。这些边缘空间，既是商店室内空间的向外扩展，又是室外商业街道的向内延伸，是商场内部与外部环境的中介空间，也是人流集散、滞留和街巷人行步道系统的空间节点。这种空间应具有开敞、灵活、方便购物并可供人们稍事休息及浏览的功能特点。

4. 合理运用色彩

店面装饰的色彩处理，对完善店面的造型效果起着重要作用，应充分运用色彩的对比与和谐，以达到加强造型的艺术特点，丰富造型的艺术效果，创造较理想的视觉魅力。在一般情况下，店面的色彩基调以高明度暖色调为宜，突出的构件或重点部位可依其形体特点及体现商业建筑装饰气氛的需要，配以相应的对比色彩。为突出商店的识别性，店面的招牌、标徽图案及标志物等，还可采用高纯度的鲜明色彩，给人以醒目的展示。

5. 适度运用材料

适用于店面装饰的材料种类繁多，应正确地运用材料的质感、纹理和自然色彩。同时，店面装饰基本上同于建筑外墙及屋面装饰，应考虑其材质坚固耐用，能够防止风雨侵袭并有一定的抗曝晒、抗冰冻及抗腐蚀的能力。

第二节　招牌的制作与安装

店面招牌的基本形式有雨篷式、灯箱、单独字面和悬挑式招牌等。

一、施工准备

(一) 材料准备

制作招牌所用的材料有：

(1) 骨架材料：型钢、不锈钢管、木方、铝材和普通钢管等。

(2) 饰面材料：有机玻璃、彩色玻璃、不锈钢板、铝板、钢板和塑料板材等。

(3) 基面材料：五层胶合板或其他便于作基面板的人造板材等。

(4) 辅助材料：不锈钢线条、铝合金线条和木线条等。

(5) 钉固或粘结材料：铁钉、螺钉、螺栓、胶粘剂和膨胀螺栓等。

(二) 机具准备

招牌的制作与安装所用的主要机具有型材切割机（无齿锯）、冲击钻、手电钻、手电锯、手电刨、电动抛光机、木料修边机、射钉枪、打钉枪、方尺、手锤、螺丝刀、线坠、手工锯和砂纸等。

(三) 安装预埋件

招牌安装前应对主体结构进行全面检查，并根据设计要求安装预埋件。要求预埋件的标高、位置、数量准确，与主体结构连接牢固。

二、招牌的制作与安装

(一) 雨篷式招牌

雨篷式招牌是附贴或悬挑于建筑入口的部位，既起雨篷作用又起招牌作用的一种店面装饰。这种装饰用木材和金属型材做骨架，用金属板、有机玻璃板或木板等做饰面。用泡沫塑料、有机玻璃或金属装饰片等材料制作字或图案，然后按设计要求进行安装，其外形如图 10-1 所示。

1. 招牌制作

(1) 下料：无设计要求时可选用 L30mm×30mm 或 L50mm×50mm 的角钢；有设计要求时按设计要求选定骨架材料，然后用型材切割机下料。切割出来的型材要求尺寸准确，切口平齐。

(2) 组装边框：切割出来的骨架可以采取电钻钻孔，拧入螺栓，进行螺栓连接；也可

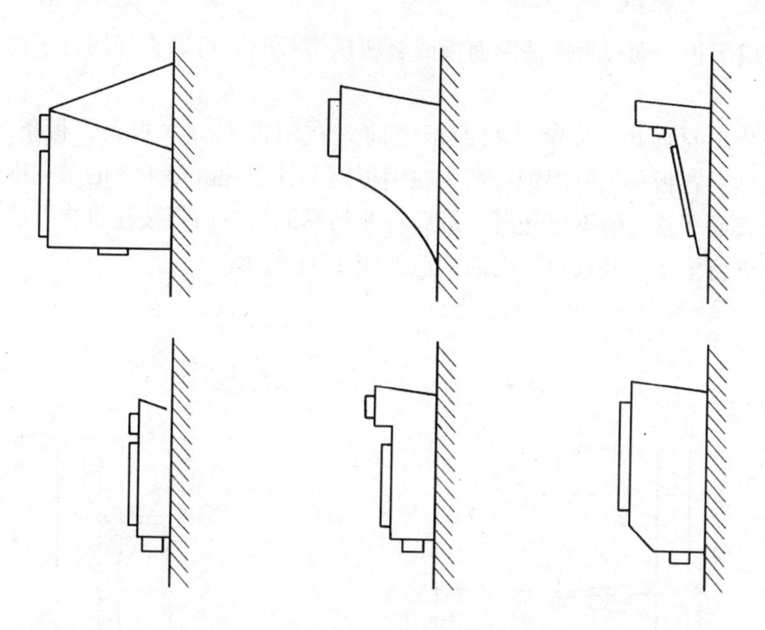

图 10-1　传统的雨篷式招牌形式

以直接将已下好的型钢段料用手工电弧焊接的方法进行边框的连接。

（3）安装木方：为了安放雨篷的顶板，需要在边框的下面安装木方；如果在边框的前面安装面板或做贴面材料，也要安装木方。木方的安装通常是在型钢和木方上钻孔，然后用螺栓连接。

2. 招牌安装

（1）弹线：根据设计要求在安装前先在墙面上弹出雨篷招牌的安装位置线。

（2）做预埋件：主体结构施工时，按雨篷招牌边框的安装位置预埋木砖或铁件，以备雨篷招牌安装时钉固或焊接边框；若墙体未做预埋件，可在墙体上用电锤打通孔，用螺栓穿过通孔和边框上的孔拧紧固定；或是以螺钉将框架与预埋的木砖连接，如图 10-2 所示；再若边框的厚度较薄，还可以用射钉将边框与墙体内预埋铁件相连接；或者是在墙体上开浅洞，打入木楔，将框架与墙内木楔以铁钉或木螺钉连接，如图 10-3 所示。

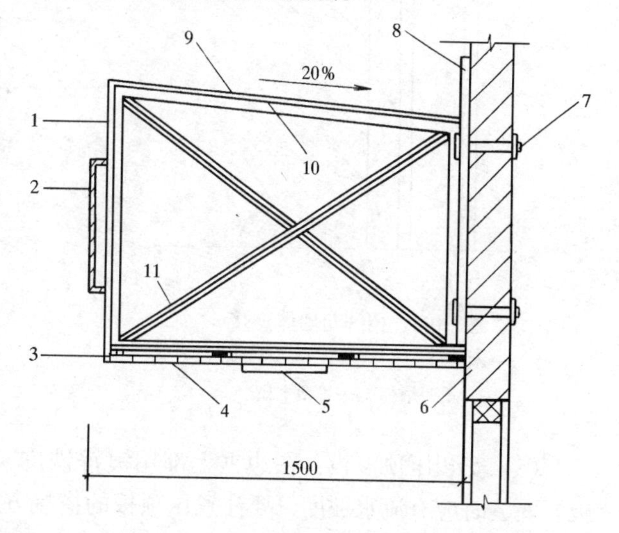

图 10-2　雨篷式招牌构造示意图

1—饰面；2—店面招牌；3—40×50 吊顶木筋；4—顶棚饰面；5—吸顶灯；6—建筑墙体；7—ϕ10×12 螺杆；8—26 号镀锌铁皮泛水；9—玻璃钢屋面瓦；10—∟30×3 角钢；11—角钢剪刀撑

（3）安装面板：面板为一般金属平板，应先钉固衬板，衬板可用胶合板，用钢钉将板钉固在边框的木方上，钉头要打入板内，然后用砂纸打磨平整、扫去浮灰，在板面上刷胶，贴上金属平板；面板为铝镁曲面板或金属压型板时，可以直接用钉子将其钉固在框架的木方上。

(4) 安装块材面板：安装块材面板之前先在边框上钉木板条，板条的间距控制在30～50mm,然后在板条上钉固钢板网，在钢板网上抹20mm厚1:3的水泥砂浆。砂浆层应厚薄均匀，表面平整，但不要光滑。最后将要粘贴的块材面板按建筑物外墙板块材料粘贴的施工方法进行施工，其板块饰面的构造如图10-4所示。

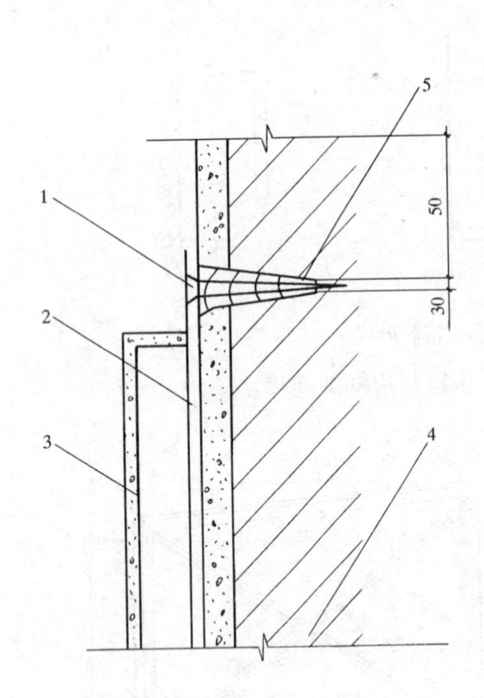

图10-3　招牌与墙体连接

1—木螺钉；2—底板；3—字牌面板；4—墙体；5—锥型木楔

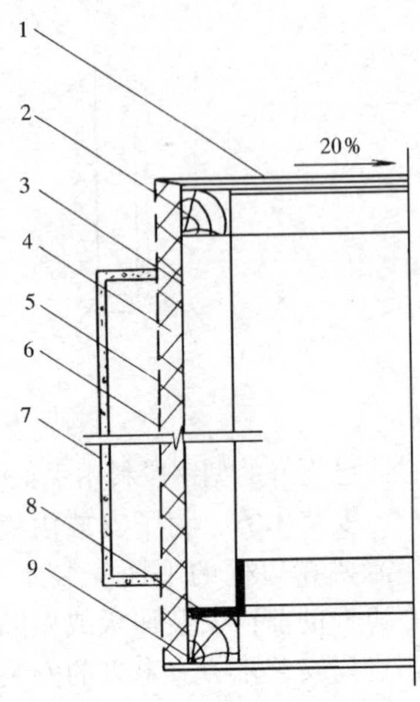

图10-4　板块饰面构造

1—玻璃钢瓦；2—50×50木筋；3—灰板条；4—钢丝网；5—1:3水泥沙浆；6—面砖或马赛克或大理石；7—店面招牌；8—角钢；9—顶棚饰面材料

(5) 安装压顶盖板：在边框上部用镀锌铁皮、玻璃钢瓦、压型钢板等材料做压顶盖板。安装时应有流水坡度，要注意压顶板的搭接方式及其与墙体的连接，防止雨水渗漏。

(6) 吊顶和安装灯具：在边框下部吊顶所用的材料主要有钙塑板、铝镁曲板和彩色玻璃等，吊顶的做法与技术要求同室内吊顶相同。吊顶完毕后，根据设计要求，在顶面上安装灯具。

(二) 灯箱的制作与安装

1. 灯箱制作

灯箱的边框骨架可采用金属型材边框和木方边框两种。

(1) 金属型材边框的制作：型材一般为小截面尺寸的型钢或铝合金型材。制作时，按要求的尺寸下料，然后采用螺栓连接或焊接的方法形成边框。

(2) 木边框制作：小轮廓尺寸的灯箱可以选用30～40mm或40～50mm的木方作为边框材料。制造时，可将下好料的边框开榫、刷胶进行连接。做法是先在木方连接处开榫，后刷白乳胶，再结合成边框。

2. 灯箱安装

(1) 弹定位线：按设计要求在墙面或支撑装置上弹出灯箱的定位线。

(2) 安装灯架：灯架位置的确定应考虑灯具的大小，一经定位就将灯座或灯脚采用螺栓拧紧，同时应考虑好灯线的引入方向以及运转过程中检修的方便。

(3) 安装面板：灯箱的面板多采用有机玻璃，其优点是既透光，光线又不刺眼，同时有机玻璃不怕风、雨，且可加工性好。金属型材边框安装面板前，面板和边框都要先钻孔，后用螺栓连接；木边框安装面板前只对面板钻孔，然后用钉固法或木螺丝拧固法将面板固定在边框上。

(4) 安装灯箱外框：灯箱制作完毕，为了提高其整体强度和装饰效果，要在灯箱的边缘安装外框。外框的材料通常为铝合金型材。安装前，先按要求的尺寸下料，在型材上每隔 500～600mm 钻钉孔，然后将型材钉固在木边框上；若为金属边框，应在边框上同时钻孔，用螺栓连接外框。

(5) 安装灯箱：制作完毕的灯箱外形如图 10-5 所示。安装时，按墙面上弹出的位置线，采取悬吊、悬挑或附贴的方法与墙体连接。

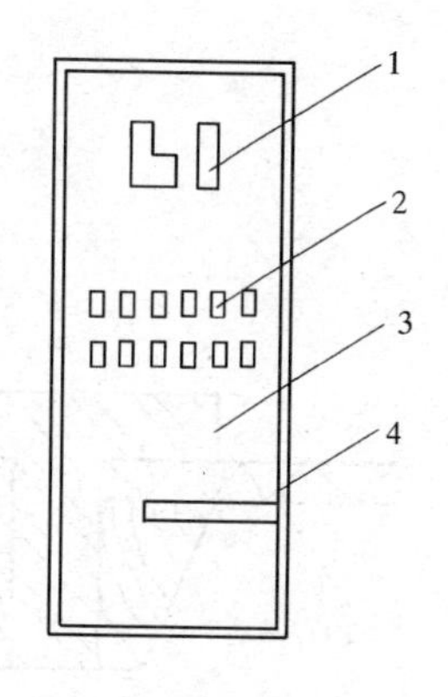

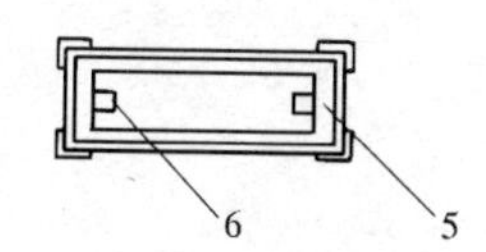

图 10-5 灯箱外形
1—广告图案；2—广告字样；3—有机玻璃；4—铝合金边框；5—木框；6—日光灯管

第三节 店面的橱窗装饰施工

一、橱窗玻璃的安装

(一) 一般橱窗的玻璃安装

橱窗的玻璃，通常采用 5～10mm 厚的浮法玻璃。在北方寒冷地区或是有中央空调的建筑低层商场，也有的采用中空玻璃。对于面积较大的开阔橱窗，特别是落地式橱窗大玻璃，应适当增加玻璃的厚度或采用钢化玻璃。对于有特殊要求的橱窗，如需将玻璃加工成曲面、异形或采用刻花、局部磨砂、彩印等，应与生产或经营者协商订制，以实测的准确尺寸进行加工。对于安全、牢固、密封、衬垫、缝隙处理等方面，均须严格要求。

(二) 橱窗框梃的安装

一般橱窗的边框，可采用型钢或铝合金型材。型钢边框多采用 35mm×35mm×3mm 的角钢，其竖梃较多可用 T 型钢窗料，钢材表面可做镀铬处理，其边框与玻璃的安装如图 10-6 所示。铝合金橱窗框料，多使用方通。

(三) 无框落地式玻璃的安装

对于大型商场的无框落地玻璃，其玻璃的厚度可达 19mm，所用玻璃的高度一般要接近高层建筑裙楼的层高。这类玻璃高度在 5m 以内，可由玻璃本身支承自重，将其两端嵌入金属框内，用嵌缝密封材料固定。当所用大块玻璃的高度过高时，或为了安全，还需加设肋玻璃；同时还要在玻璃顶部增设悬吊架，用吊钩悬吊玻璃，以减小其底部的支承压力。

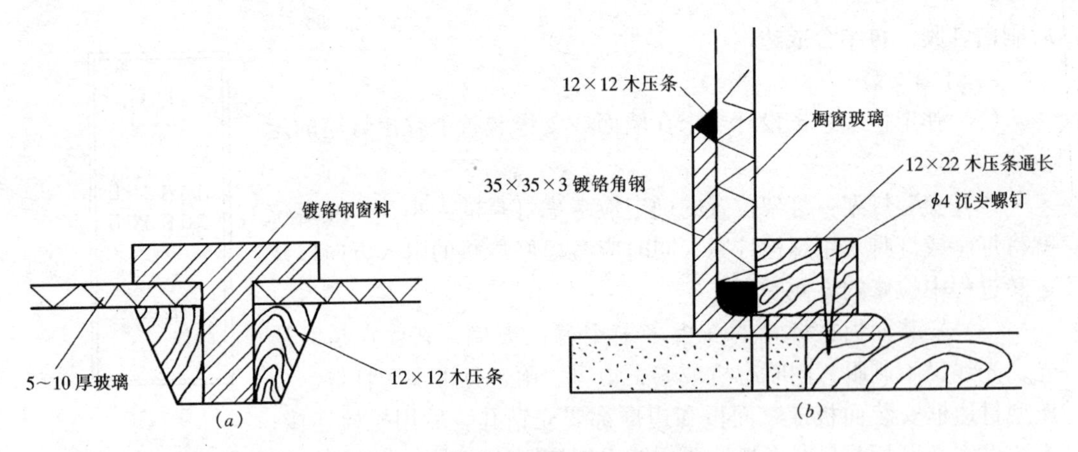

图 10-6　采用钢窗料的橱窗玻璃安装构造图

（a）橱窗竖梃；（b）橱窗横框

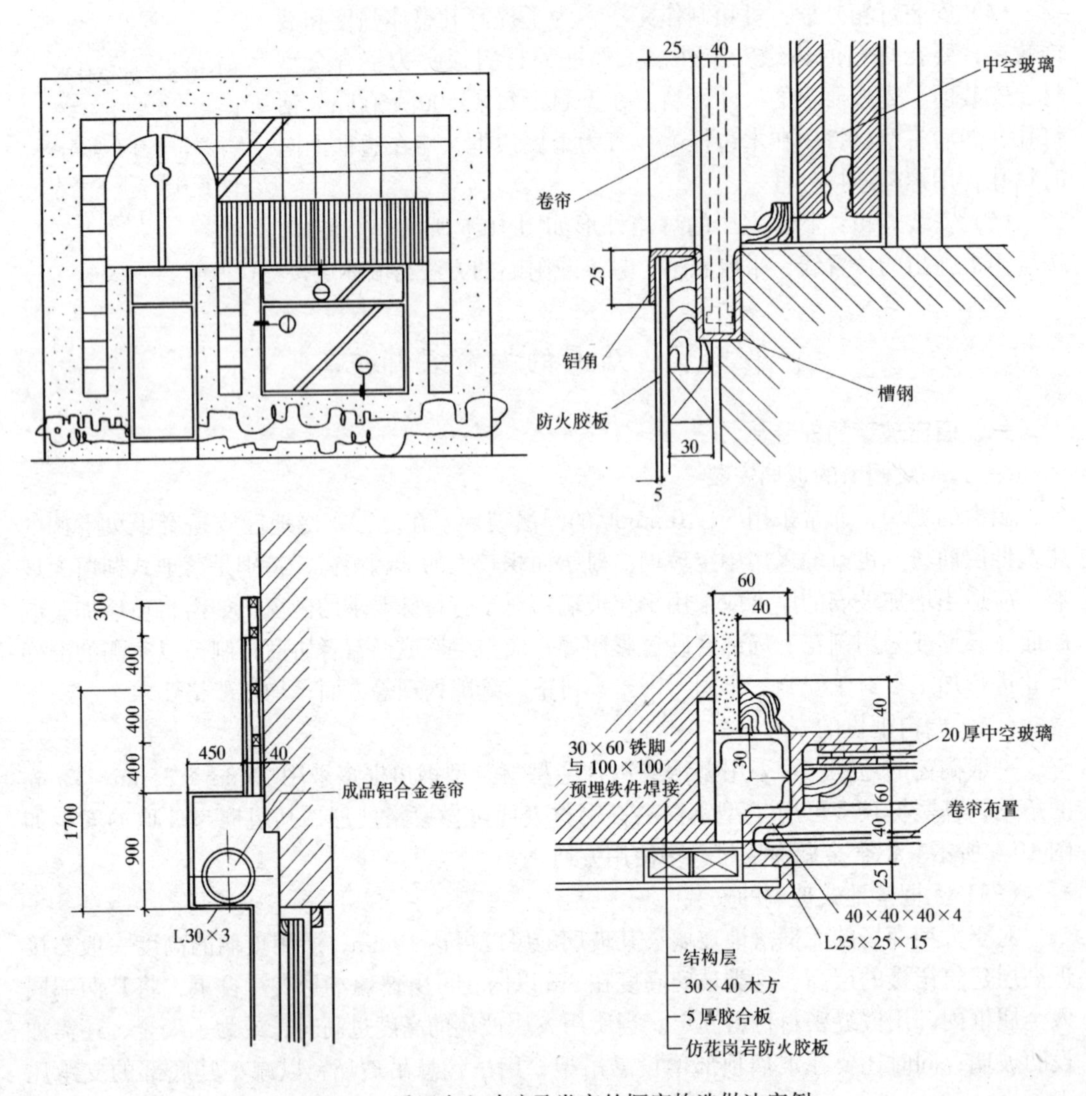

图 10-7　采用中空玻璃及卷帘的橱窗构造做法实例

二、橱窗卷帘的安装

在实际工程中，店面的橱窗构造往往较为复杂，如北方寒冷地区需考虑采用中空玻璃；如同时设置橱窗卷帘，在窗框安装时应安排卷帘的装设构造。如图 10-7 所示为采用中空玻璃及铝合金卷帘的橱窗做法实例。

思考题与习题

10-1 店面装饰工程的主要类型有哪些？

10-2 店面雨篷式招牌骨架应如何制作？罩面装饰应如何与骨架连接？

10-3 普通有机玻璃灯箱怎样制作？

第十一章　其他装饰工程

建筑装饰工程除前面各章节介绍的各分部工程外，还有其他种类的工程。本章主要介绍玻璃安装工程、与一些装饰工程有关的木工工艺基础知识、金属装饰工程和花饰安装工程。

第一节　玻璃安装工程

一、玻璃的品种及其用途

在建筑装饰中玻璃不仅具有装饰功能，而且还具有采光、透视、控制光线、隔声、隔热、保温、围护和分隔等功能。常见的玻璃品种及其用途如表 11-1

玻璃的品种及用途　　**表 11-1**

品　种	用　途
普通平板玻璃	普通门窗、装修、柜台等
浮法平板玻璃	高级门窗、制做中空玻璃、夹层玻璃等
吸热玻璃	吸热门窗、制做吸热中空玻璃等
热反射镀膜玻璃	高级建筑门窗、幕墙、制做中空玻璃、夹层玻璃
低发射率镀膜玻璃	寒冷地区及日光带地区高级建筑门窗、幕墙
磨砂玻璃	建筑物中透光不透明处
压花玻璃	玻璃隔断、要求透光半透明门窗
夹丝玻璃	天窗、各种建筑防震门窗、普通防火门窗
钢化玻璃	高级建筑幕墙、门窗、防爆门窗及特殊装修
磨光玻璃	高级建筑门窗及制镜
中空玻璃	隔声、隔热、保温幕墙及门窗等
彩釉玻璃	幕墙、门窗及内外墙面不透光部分
玻璃大理石	建筑装饰
泡沫玻璃	建筑物吸声、隔热墙面
镭射玻璃	建筑装饰
折射玻璃	有控光要求的教室、博物馆、展览厅的门窗等
电热玻璃	陈列窗、眺望窗、严寒地区门窗及特殊门窗等
防弹、防爆玻璃	防爆容器、防爆实验室的门窗等
防辐射玻璃	用于辐射实验室的观察窗
高强度防盗报警玻璃	商店、文物、贵重物品的展柜及有防盗要求的门窗
透明复合防火玻璃	防火隔断及门窗等

二、玻璃安装工程常见项目

常见的玻璃安装工程有门窗玻璃安装（如铝合金门窗玻璃、塑钢门窗玻璃等)、玻璃隔断（墙）安装、玻璃栏板安装、装饰玻璃镜安装、玻璃砖墙安装、玻璃货柜安装、玻璃采光天窗安装、玻璃幕墙安装等等。本节主要介绍玻璃隔断（墙）安装和玻璃栏板安装。

三、玻璃隔断安装

（一）立面图

以 76 系列或 90 系列铝合金玻璃隔断为例，其立面造型如图 11-1 所示。

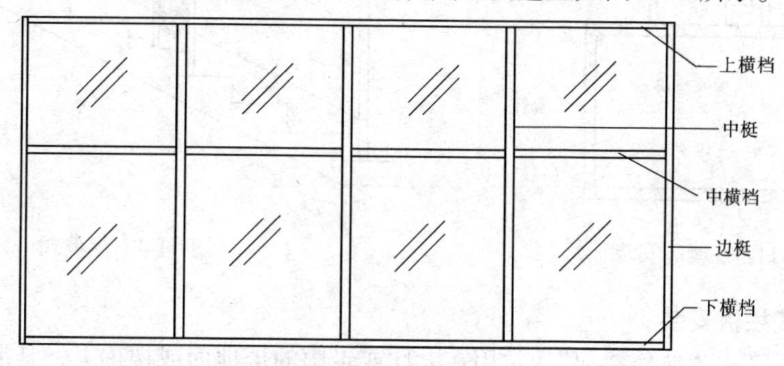

图 11-1　铝合金玻璃隔断立面

（二）施工准备

1. 基层准备

安装玻璃隔断的墙面和楼地面均已做找平层或面层。

2. 材料准备

76 系列铝合金扁管、单槽、浮法平板玻璃、角铝、自攻钉、玻璃胶、2 寸水泥钉等。

3. 机具准备

型材切割机、玻璃裁割机或手工玻璃刀等。

（三）制作安装

1. 施工工序

基层处理→弹线→下料（铝型材）→安装扁管→裁切玻璃→安装单槽和玻璃→清扫。

2. 操作要点

（1）基层应平整，如有不平整要进行相应的处理，并在基层上弹中心线，确定隔断的位置。

（2）在中心线上按 600～800mm 的间距确定固定点，并用电锤打眼安装木楔。

（3）先通过角铝组装隔断框架，包括安装左右边梃和中梃、上中下横档，如图 11-2 所示。待整个框架组装完后，再安装在预定的基层位置上。

（4）型材（扁管）下料前应仔细计算每一部位扁管的长度和根数。

（5）隔断的框架安装固定后逐一量取每个分格的尺寸，并按照该尺寸裁切玻璃。

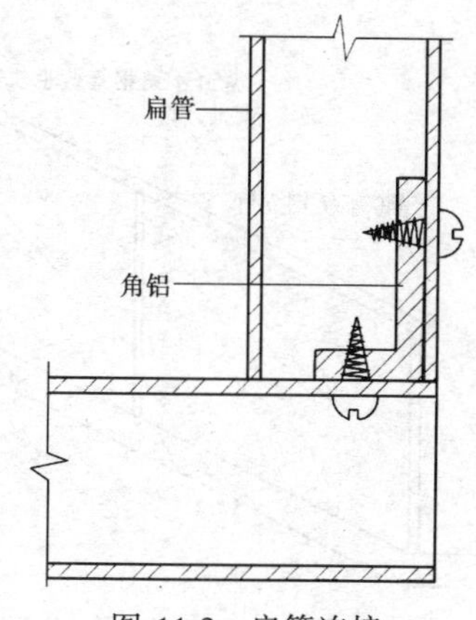

图 11-2　扁管连接

(6) 安装玻璃时先安装一边的单槽，然后将玻璃放入并安装另一边的单槽，如图 11-3 所示。

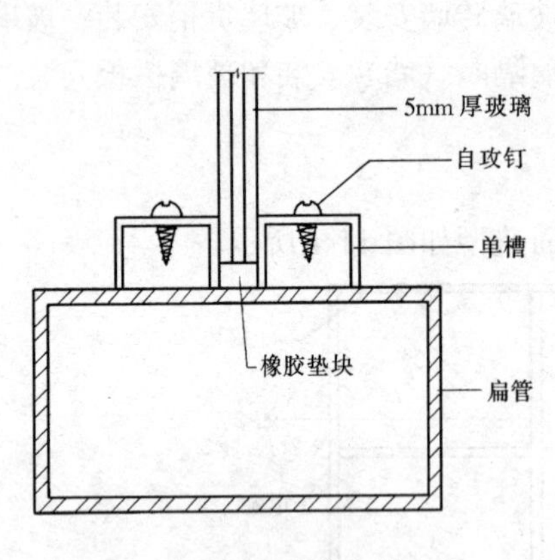

图 11-3　玻璃安装

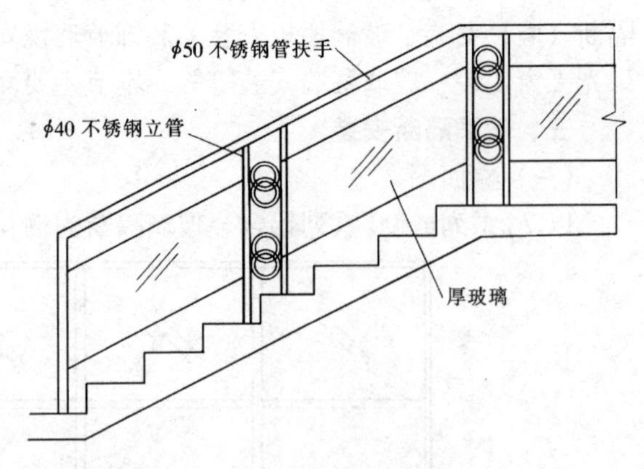

图 11-4　半玻式

四、玻璃栏板安装

玻璃栏板又称"玻璃栏河"，常用在大厅或走廊的楼地面或楼梯上，其形式有镶嵌式、吊挂式、夹板式、全玻式四种，其构造主要由扶手，钢化玻璃板、栏河底座三部分组成。

(一) 施工准备

1. 基层准备

安装玻璃栏板的主体结构已完成并符合有关验收标准；预埋件已按要求完成。

2. 材料准备

主要有不锈钢管、钢化玻璃、玻璃夹板、玻璃包边条、吊链、不锈钢卡槽、预埋钢板或地脚螺栓、橡胶密封件、硅酮密封胶等。

3. 机具准备

主要有金属切割机、氩弧焊机、电焊机、冲击钻、玻璃吸盘、手电钻等。

(二) 制作安装

以不锈钢楼梯玻璃栏板为例。楼梯栏板使用的玻璃大多为厚玻璃，其栏板的形式有半玻式和全玻式两种，如图 11-4、图 11-5 所示。扶手通常采用不锈钢管、铜管或高级木材。

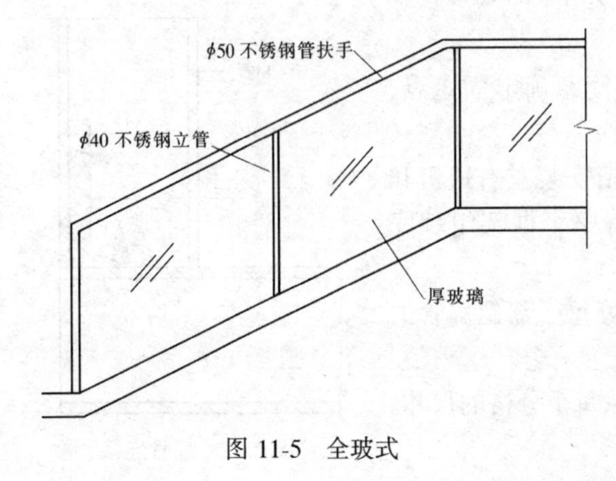

图 11-5　全玻式

1. 施工工序

基层处理→弹线定位→安装立柱→安装扶手→安装玻璃栏板→清扫。

2. 操作要点

(1) 半玻式栏板安装

1) 半玻式栏板安装有两种形式，一是玻璃两侧镶入不锈钢立柱。立柱预先要开出槽口，槽口应平滑顺直，将厚玻璃直接装在立柱内，并用玻璃胶固定；另一种是用卡槽安装玻璃，卡槽的下端头应封闭并要托住厚玻璃。如图 11-6 所示。

2）立柱与踏步的连接可采用预埋铁件或预埋螺栓焊接而成。预埋位置要确保准确。如采用后期膨胀螺栓连接方式则要弹线确定位置，以保证立柱的准确。为确保安全，应以预埋为好。立柱与扶手也是通过焊接相连。

3）为防止玻璃的热胀冷缩，特别是大块玻璃安装时，在设计时应考虑玻璃板与边框间要留有 3～5mm 的空隙。

（2）全玻式栏板安装

1）玻璃下口与楼梯梁顶面连接采用预埋角钢留槽或用大理石、花岗岩板做预留槽的方法，留槽的宽度应为玻璃厚度加 5～8mm，将玻璃装入槽口内并在其两侧缝隙注入玻璃胶。如图 11-7 所示。

2）玻璃上口与不锈钢管扶手的连接方法有三种。一种是在扶手管下边开出槽口，将玻璃上口直接插入槽口，并用玻璃胶粘结固定；第二种是在扶手管下边安装卡槽，将玻璃上口装入卡槽内，并用玻璃胶粘结固定；还有一种是用附着力比较大的密封胶将玻璃上口直接粘结在扶手管的下边。参照图 11-6。

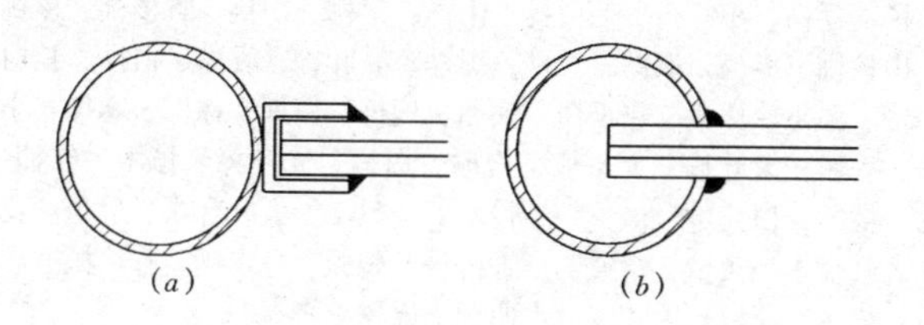

图 11-6　栏板与立柱连接

（*a*）卡槽固定；（*b*）槽口固定

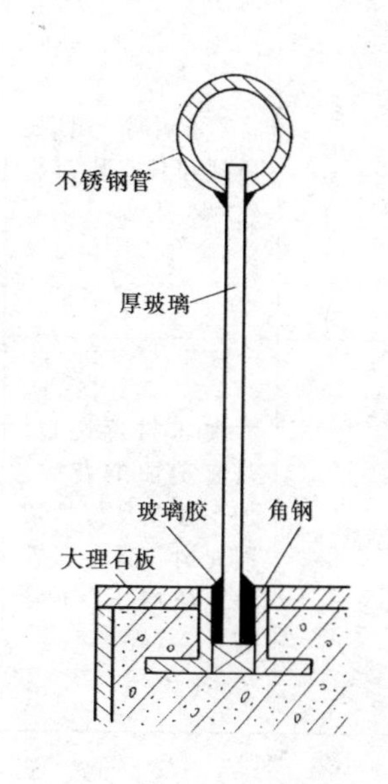

图 11-7　全玻式楼梯扶手构造

3）其他的操作与半玻式栏板施工相同。

第二节　木工工艺基础

建筑装饰尤其是室内装饰中，木材装饰占据着重要地位。如木地面、木墙面、木柱面、木门窗、木花格、木吊顶、木隔断、木楼梯、木柜橱、木扶手、木门窗套、木窗帘盒、木暖气罩等。

一、木材的选择

（一）常用木材树种的选用和对材质的要求

装饰中使用的木材树种繁多，不同的装饰工程品种对木材的材质有不同的要求，如表 11-2 所示。

（二）常用木材类装饰材料的分类和规格

木材类装饰材料有天然木材和人造木材。有板材也有方材。具体情况见表 11-3、表

11-4、表 11-5、表 11-6、表 11-7。

常用木材树种的选用和对材质的要求　　表 11-2

使用部位	材质要求	建议选用的树种
墙板、镶板、顶棚	要求具有一定强度、质轻和有装饰价值花纹的木材	杉木、榉木、水曲柳、红楠、楠木、胡桃、水杉、黄杉、铁杉、云南铁杉、云杉、红皮云杉、细叶云杉、鱼鳞云杉、紫果云杉、冷杉、杉松冷杉、臭冷杉、油杉、云南油杉、兴安落叶松、四川红杉、红杉、长白落叶松、金线松、华山松、白皮松、红松、广东松、马尾松、樟子松、油松、云南松、柳杉、福建柏、侧柏、柏木、桧木、响叶杨、青杨、辽杨、小叶杨、毛白杨、山杨、樟木、木荷、大叶桉、异叶罗汉松、红豆杉、野核桃、山核桃、长柄山毛榉、栗、珍珠栗、木槠、红椎、栲树、苦槠、包栎树、铁槠、香椿、金丝李、蚬木等
地板	要求耐腐、耐磨、质硬和具有装饰花纹的木材	黄杉、铁杉、云南铁杉、油杉、云南油杉、兴安落叶松、四川红杉、长白落叶松、红杉、黄山松、马尾松、樟子松、油松、云南松、柏木、山核桃、枫桦、红桦、黑松、亮叶桦、香桦、白桦、长柄山毛榉、栗、珍珠栗、来槠、红椎、栲树、苦槠、包栎树、铁槠、槲栎、白栎、柞栎、麻栎、小叶栎、蚬木、花榈木、红豆木、水曲柳、大叶桉、七裂槭、青窄槭、金丝李、红松、杉木、红楠、楠木等
装饰材、家具	要求材色悦目，具有美丽的花纹，加工性质良好，切面光滑、油漆和胶粘性质均好，不劈裂	银杏、红豆杉、异叶罗汉松、云杉、红皮云杉、细叶云松、鱼鳞云杉、紫果云杉、红松、桧木、福建柏、侧柏、柏木、响叶杨、青杨、大叶杨、辽杨、小叶杨、毛白杨、山杨、旱柳、胡桃、野核桃、核桃楸、山核桃、枫杨、枫桦、红桦、黑桦、亮叶桦、香桦、白桦、长白山毛榉、栗、珍珠栗、包栎树、铁槠、槲栎、白栎、柞栎、麻栎、小叶栎、香榆、大叶榆、大果榆、榔榆、白榆、光叶榉、樟木、红楠、楠木、檫木、白克木、枫香、悬铃木、金丝李、大叶合欢、皂角、花榈李、红豆木、黄檀、黄波罗、香椿、七裂槭、色木槭、青榨槭、满州槭、蚬木、紫椴、大叶桉、水曲柳、楸树等

板材与方材分类　　表 11-3

材　种	板　　材	方　　材（宽×厚）
按比例	宽:厚≥3	宽:厚<3
按厚度	薄板厚≤18　中板=19～35 厚板=36～65　特厚板≥66（mm）	
按乘积		小方<54　中方=55～100 大方=101～225　特大方>226（截面积 cm^2）
长　度（m）	针叶树 1～8m；阔叶树 1～6m	

普通锯材分类及规格　　表 11-4

分类	厚度（mm）	宽	度	(mm)												
薄板	12	50	60	70	80	90	100	120	140	160	180	200	—	—	—	—	—
	15	50	60	70	80	90	100	120	140	160	180	200	—	—	—	—	—
中板	25	50	60	70	80	90	100	120	140	160	180	200	220	240	—	—	—
	30	50	60	70	80	90	100	120	140	160	180	200	220	240	—	—	—
厚板	40	50	60	70	80	90	100	120	140	160	180	200	220	240	260	280	300
	30	—	60	70	80	90	100	120	140	160	180	200	220	240	260	280	300

胶合板标定规格 表 11-5

种类	厚度(mm)	宽度(mm)	长度(mm)					
			915	1220	1525	1830	2135	2440
阔叶树材胶合板	2.5、2.7、3、3.5、4、5、6…(自4mm起，按1mm递增)	915 1220	915 —	— 1220	— —	1830 1830	2135 2135	— 2440
针叶树材胶合板	3、3.5、5、4、5、6…(自4mm起，按1mm递增)	1525	—	—	1525	1830	—	—

注：阔叶树材胶合板常用规格厚为3mm。
针叶树材胶合板常用规格厚3.5mm。

硬质纤维板规格 表 11-6

长(mm)	1220、1525、1830、2000、2135、2440、3050
宽(mm)	610、915、916、1000、1220
厚(mm)	3(3.2)、4、5(4.8)

软质纤维板规格 表 11-7

品种名称	规格尺寸(mm)	品种名称	规格尺寸(mm)
钻孔软质纤维板	201～208号 550×550×13 301～308号 305×305×13	植绒软质纤维板	500×500×13
纯白无孔软质纤维板	550×550×13 305×305×13	针孔软质纤维板	500×500×13

二、木材的加工

(一)常用木工机械及其用途

木工机械较多，其具体使用方法可参考使用说明书。常用木工机械及其用途如表11-8所示。

常用木工机械及其用途 表 11-8

设备名称	常用规格	功率	转速	用途
电动圆锯	200mm×25mm 315mm×30mm	1750W 1900W	4000r/min 3200r/min	用于锯割木板、木方、装饰板
电动线锯机(曲线锯)	60mm×8mm 80mm×8mm 100mm×8mm	350W	冲程长度26mm，冲程速度每分钟0～3200次左右，最大切削厚度50mm左右	可做直线或曲线锯割，可在木板中开孔、开槽，用导板可做一定角度的倾斜锯出斜面
电动刨(手电刨)	82mm	580W	16000 r/min	用于刨削平面、倒角，电动刨的底板经改装可以刨出一定的凹凸弧面
电动木工雕刻机	$\phi 8\times 12$mm	500～1500W	23000 r/min	用于对工件进行铣削加工
木工修边机	最大加工厚度为25mm	500W	27000 r/min	用于对工件的侧边或接口处进行修边、整形
电动抛光机	125mm 150mm 175mm	400～500W	4500～20000 r/min	用于抛光装饰表面

续表

设备名称	常用规格	功　率	转　速	用　途
电动、气动打钉枪	10mm、15mm 20mm、25mm	电动打钉枪插入220V电源插座	气动打钉枪需与压力为0.5～0.7MPa的气泵连接	用于在木龙骨上钉胶合板、纤维板、刨花板、石膏板等板材和各种装饰木线条
电动自攻螺钉钻	攻丝直径M6mm	200～300W	12000 r/min	用于在各种龙骨安装饰面板以及各种龙骨本身的安装
射钉枪	各厂家生产的规格不一，使用时应根据说明书操作			将射钉直接钉入混凝土或砖结构的基体中
电锤（电钻）（即冲击钻）	钻头直径 $\phi 6 \sim \phi 25$	500W	800 r/min	用于混凝土结构、砖结构、花岗岩面、大理石面的钻孔
电动修整磨光机	带式、盘式、振动式	130～600W	700～5500 r/min	用于砂磨工件表面，使工作面平滑
轻型手电钻	重1.3kg左右，最大钻孔直径22mm	350W	950～2300 r/min	用在工件上打孔、铣孔
地板磨光机	SD300A SD300B	3HP2.2kW 4HP3kW		用于制作地板表面，磨光磨平
地板打蜡机	SD400 SD450	1HP0.75kW 1.5HP1.1kW		用于拼花地板打蜡抛光

（二）木材的连接工艺

装饰施工中木材的连接主要是木方的连接，其连接方式有六种：T形连接、L形连接、X形连接、长向连接、边对边拼接、三向连接，通常采用前四种方式。

1.T形连接（见图11-8）

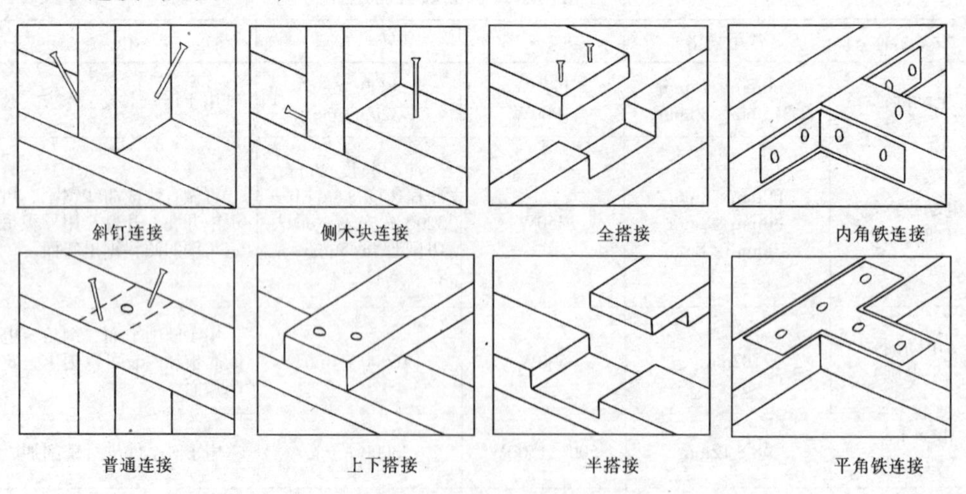

图11-8　T形连接

2.L形连接（如图11-9所示）。

3.X形连接（如图11-10所示）。

4.长向连接（如图11-11所示）。

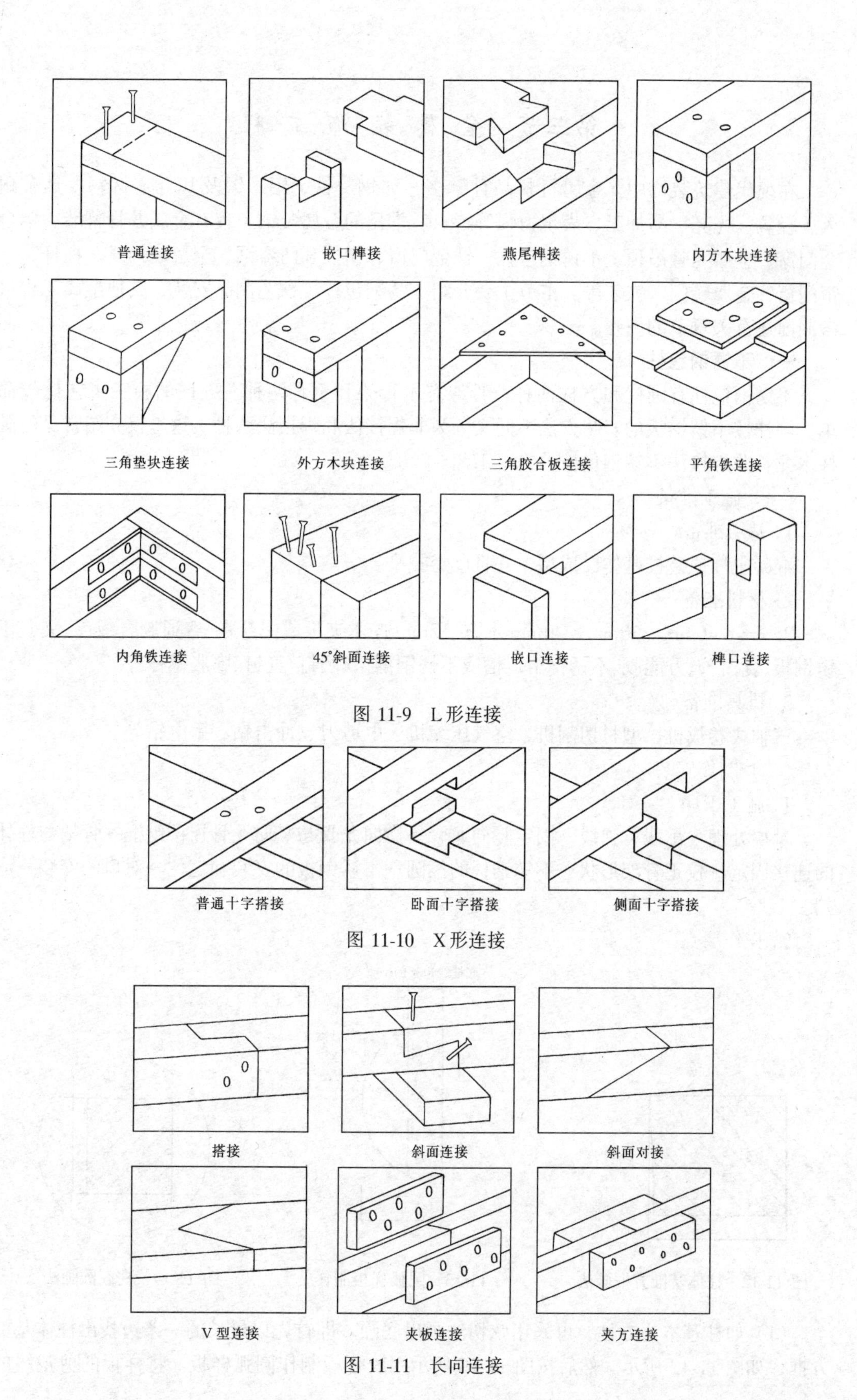

图 11-9　L形连接

图 11-10　X形连接

图 11-11　长向连接

第三节　金属装饰工程

在现代建筑装饰中，金属材料品种繁多，如钢、铁、铝、铜及其合金材料，具有耐久、轻盈、光亮、易加工、表现力强等特点。常见的金属装饰工程有金属龙骨幕墙、铝合金门窗、金属龙骨吊顶、不锈钢包柱、钛金门窗、栅栏和防盗网、金属装饰线、栏杆、卷帘门窗、金属转门、铁艺等。本节主要介绍不锈钢包柱、铁艺制品安装，其他金属工程可参照前述有关章节的内容。

一、不锈钢包柱

不锈钢包柱有圆柱和方柱两种，骨架有木骨架和钢骨两种。方柱的施工工艺比较简单。圆柱按不锈钢板的安装方法不同又分为非焊接法和焊接法两种。这里仅介绍常见的圆柱木龙骨非焊接法不锈钢包柱的施工工艺。

（一）施工准备

1. 基层准备

混凝土柱或砖柱基体已成型，并且已经找平。

2. 材料准备

25mm×40mm～30mm×40mm木方、12mm厚木夹板或中纤板、普通胶合板（三夹）、不锈钢板、乳白胶、万能胶、不锈钢卡口槽或不锈钢槽条、圆钉、气钉、膨胀螺栓等。

3. 机具准备

三轴式卷板机、型材切割机、空气压缩机、电剪刀、冲击钻、手电钻等。

（二）制作安装

1. 施工工序

基层处理→吊线、弹线→固定竖向龙骨→横向龙骨与竖向龙骨连接组框→骨架与柱体的连接固定→校正骨架形状→不锈钢板的滚圆→不锈钢板的安装和定位→对口的安装→清扫。

2. 操作要点

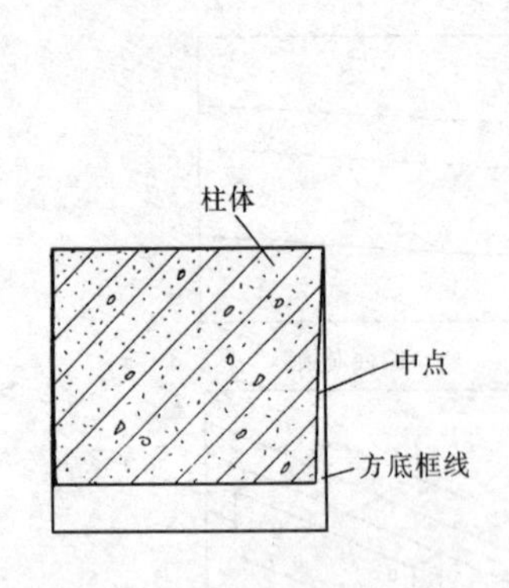

图 11-12　柱体基准方框画法

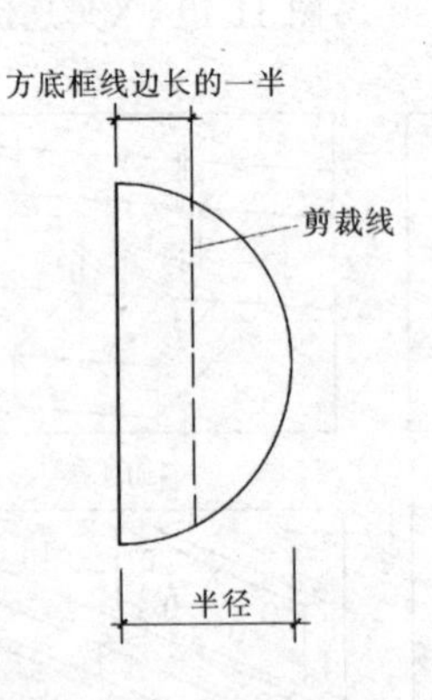

图 11-13　圆弧样板制作

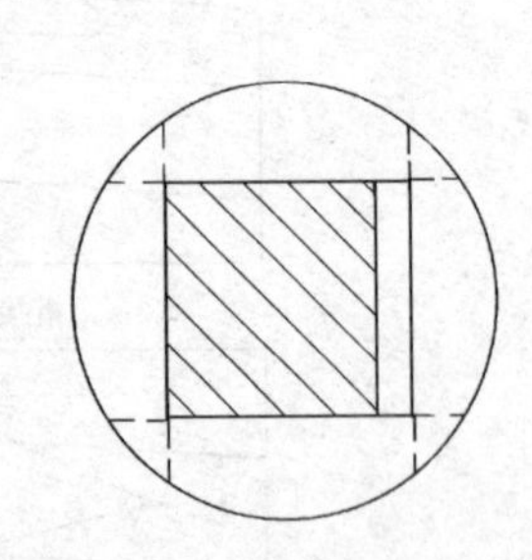

图 11-14　柱底圆画法

（1）如柱基本为方柱，可采用弦切法画出底圆。即首先以最长的一条边找出柱体基准方框，如图 11-12 所示。然后按图 11-13 所示用胶合板制作圆弧样板。将样板的剪裁线的中点对准基底框边长的中点，依样板画圆弧线，就得到了装饰柱的底圆。如图 11-14 所示。顶圆的画法基本相同，但基准顶框画线，必须通过顶框吊垂直线来取得，以保证地面与顶面的一致性和垂直度。

（2）制作骨架要保证不锈钢包柱的圆柱体几何形状的精确，其次要保证柱骨架结构的垂直度，做到每个框架从上到下都在同一个圆心上。

（3）固定竖向龙骨时，先从画出的装饰柱顶面线向底面吊垂直，并以该垂线为基准在顶面与地面之间竖起龙骨，调整好位置后，分别在顶面和地面将竖向龙骨固定。固定方法如图 11-15 所示。

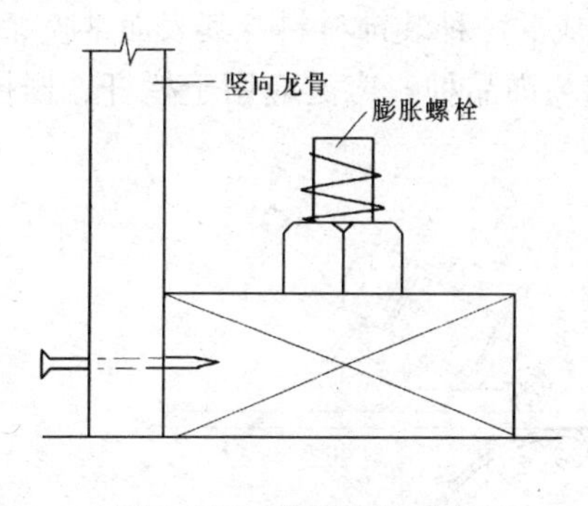

图 11-15　竖向龙骨固定

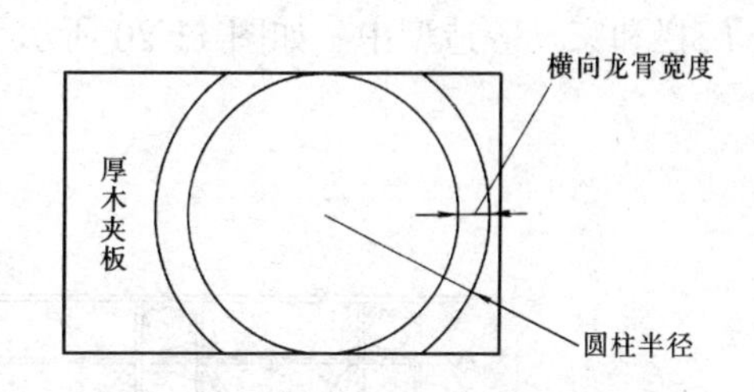

图 11-16　圆弧横向龙骨制作

（4）通常采用 12mm 或 15mm 木夹板或中纤板制作弧面横向龙骨。方法是在夹板上按圆柱半径画一条圆弧，在该圆半径上减去横向龙骨的宽度再画一条同心圆弧，如图 11-16 所示。

（5）横向龙骨与竖向龙骨连接前必须在柱顶与地面间设置形体位置控制线，控制线主要是垂线和水平线，以保证施工的准确性。木龙骨的连接可用槽接法和加胶钉接法相结合，如图 11-17 所示。横向龙骨的间距一般为 300～400mm。

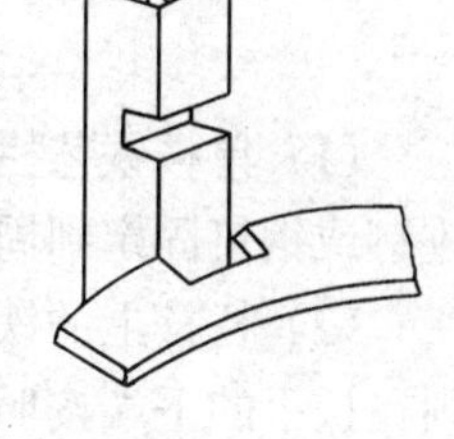

图 11-17　横竖龙骨连接

（6）柱体骨架与柱体的连接常采用木方支撑杆，一端用膨胀螺栓与柱体连接，另一端用木钉或加气钉与骨架连接。支撑杆应分层设置。沿柱体高度方向间隔为 800mm 左右。

（7）在施工过程中应不断地对框架进行检查，主要是检查框架的歪斜度、不圆度、平整度。方法是采用从顶圆吊垂线来检查。

（8）不锈钢板最好不要用手工滚圆，而应采用三轴式卷板机滚圆。当板厚小于或等于 0.75mm 时，可将板滚成两个标准的半圆，再连接安装成一个完整的圆柱体。

（9）圆柱体安装不锈钢板，一般用普通胶合板做基层，将它用胶粘剂粘结在木龙骨上，并加钉气钉或无头钉，钉尾应打入板面。

（10）不锈钢板的对口方式有卡口式和嵌压式两种。安装对口前应先在胶合板基层上涂刷粘结剂，将不锈钢板一端的弯曲部钩于或卡于对口处，用手轻轻顺着圆的方向压向胶合板，使其紧紧粘贴在基层上，至对口处时将另一端钩于或卡于对口处。如图 11-18、图 11-19 所示。

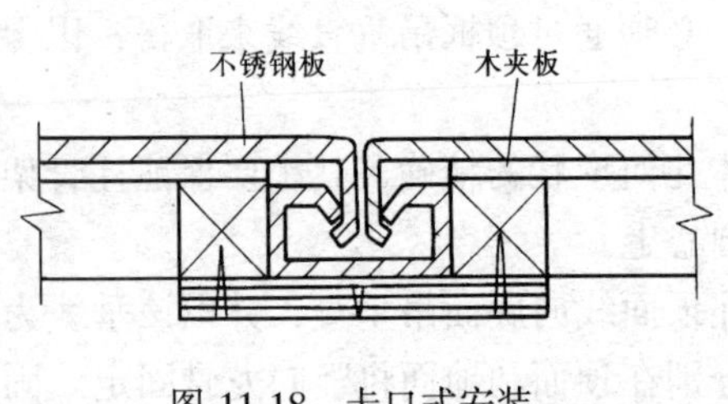

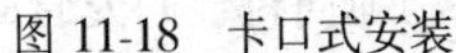
图 11-18 卡口式安装

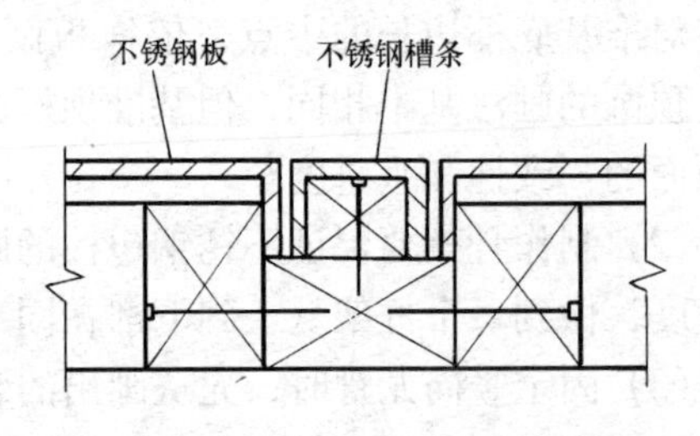

图 11-19 压口式安装

二、铁艺

铁艺栏花是将钢铁等原材料经铸造或锻造加工而成的一种装饰材料。其表面常喷涂为黑色，是近几年较为流行的一种典雅、明快、轻盈的装饰品种。广泛应用于栏杆、栅栏、门栏和家具等造型中。如图 11-20 所示。

图 11-20 铁艺装饰制品

（1）单枝铁艺栏花的安装比较简单，通常是将其放入凹槽中或在其边框上钻眼，用自攻钉或钢钉固定到周边基体上。

（2）栏杆上的铁艺栏花，每支栏花的底部都与预埋件相焊接到一起。若为木质扶手，则在扶手的下端按照扁铁的尺寸开槽，用自攻钉将扶手和扁铁连接，栏花即可与扁铁焊接；若扶手为方铁管，则栏花直接与方铁管焊接。

（3）在铁艺栏花的施工中，应注意预埋铁件与栏花应焊接牢固、预埋铁件和焊缝要进行防锈处理、扶手接缝要严密。

（4）铁艺栏花在焊接安装完毕后即可进行喷漆涂饰，喷涂时注意对有关物体进行保护。

第四节 花 饰 安 装 工 程

一、花饰与花格

建筑装饰工程中的花饰是指安装在墙面、天花板面、梁面、柱面、隔断、栏杆、门窗等构件上的装饰附件。按其附着形式可分为表面花饰和花格两大类。每一大类按材质不同又分很多品种，如表 11-9 所示。

建筑花饰种类 表 11-9

按附着形式 \ 按材质	石膏	塑料	纸质	木质	水泥制品	预制混凝土	竹	金属	玻璃	陶瓷
表面花饰	✓	✓	✓	✓	✓					
花 格					✓	✓	✓	✓	✓	✓

表面花饰的安装可参照前述有关章节的内容。本节主要介绍花格的安装。

二、花格的安装

表面花饰是单纯地贴附在其他构、配件上，而花格则是以设计确定的排列组合形式构成一个独立的整体，它既有装饰效果，又具有某种特定的建筑功能。

(一) 组砌式水泥制品花格的安装

组砌式水泥制品花格是由单型或多型花格元件拼装而成。图 11-21 为单型元件组砌的花格。

图 11-21 组砌式水泥制品花格

组砌花格的安装方法如下：

(1) 取尺预排。实地测量拟定安装花格的部位和花格的实际尺寸，然后按设计图案进行预排、调缝。

(2) 吊线定位。根据调缝后的分格位置纵横吊线，用水平尺寸和线锤校核，做到横平竖直，以保证花格的位置准确。

(3) 拼砌锚固。用 1:2 的水泥砂浆自下而上逐块砌筑花格，相邻花格砌块之间用 $\phi 6$ 钢筋销子插入直径 16～20mm 的预留孔，再用水泥砂浆灌实，整片花格四周，应通过锚固件与墙、柱、梁连接牢固。

图 11-22 预制混凝土竖板花格

(4) 表面涂饰。除水刷石、水磨石花格无须涂饰以外，其他水泥制品花格拼砌、锚固完毕后，根据设计要求涂刷涂料。

(二) 预制混凝土竖板花格的安装

预制混凝土竖板花格由竖板和安装在竖板之间的花饰组成，如图 11-22 所示。竖板花格上下两端固定在梁（板）与地面上。

预制混凝土竖板花格安装方法如下：

(1) 锚固准备。结构施工时要根据竖板间隔尺寸预埋铁件或预留凹槽，若竖板之间准备插入花饰，也须在板上预埋锚固件或留槽。若结构施工时没有预埋铁件或预留凹槽，可采用膨胀螺栓或射钉紧固。

（2）立板连接。在上、下结构表面弹出竖板就位控制线，将竖板立于安装位置，用线锤吊直并临时固定，上、下两端按设计确定的锚固方法牢固连接。常见锚固方法如图 11-23 所示。

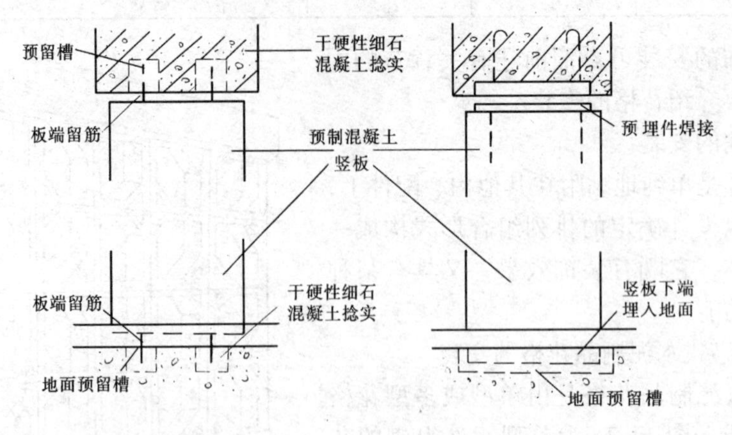

图 11-23 竖板与梁、板连接

（3）插入花饰。按设计标高拉水平线，依线安装竖板间的花饰。连接方式可用插筋连接、螺钉连接或焊接等，但若采用花饰预筋插入凹槽的连接方法（图 11-24），则中间花饰应与竖板同时就位。

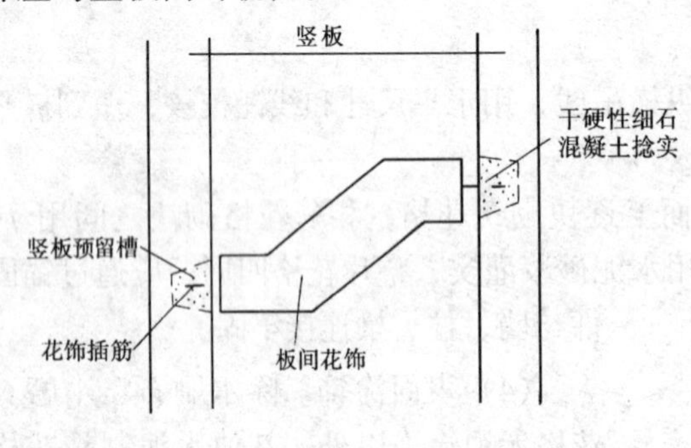

图 11-24 板间花格插筋固定

（4）钩缝涂饰。竖板与主体结构之间缝隙、花饰与竖板之间缝隙用 1:2～1:2.5 的水泥砂浆钩实，然后按设计要求涂刷涂料。

（三）木花格的安装

（1）锚固准备。结构施工时按设计要求在墙、柱、梁等部位，准确埋置木砖或金属预埋件。

（2）车间预装。小型木花格应在木工车间预先组装好；大型木花格也应尽量提高预装配程度，减少现场制作工序。木材须按要求作干燥处理。

（3）现场安装。木花格组装应采用榫接，保证缝隙严密。如用金属件连接，必须进行表面处理，螺钉帽和铁件不得外露。

（4）打磨涂饰。安装完后，木花格表面刮腻子、砂纸打磨、刷涂油漆。

第五节 其他装饰工程的质量标准及验收方法

一、玻璃隔墙工程的质量标准及验收方法

玻璃隔墙工程除符合设计要求外，其工程质量偏差限值和检验方法见表 11-10。

玻璃隔墙质量偏差限值和检验方法　　表 11-10

项次	项　目	偏差限值（mm）		检验方法
		玻璃砖	玻璃板	
1	表面平整度	≤3	—	用 2m 直尺和塞尺检查
2	立面垂直度	±3（≤4.5m 高）	±2	用 2m 托线板检查或尺量检查
3	接缝（压条）平直度	—	≤2	拉 5m 线，不足 5m 拉通线检查
4	接缝高低差	≤3	≤2	用钢直尺和塞尺检查
5	压条或明缝间距	—	±1.5	尺量检查
6	阴阳角方正	—	≤2	用 200mm 方尺和塞尺检查

二、栏杆、栏板工程的质量标准及验收方法

栏杆、栏板工程除符合设计要求外，其工程质量偏差限值和检验方法见表 11-11。

栏杆和扶手安装的偏差限值和检验方法　　表 11-11

项　次	项　目	偏差限值（mm）	检验方法
1	护栏垂直度	≤3	吊线和尺量检查
2	护栏间距	±10	尺量检查
3	扶手纵向弯曲	±4	拉通线和尺量检查
4	扶手高度	±5	尺量检查

三、花饰安装工程的质量标准及验收方法

花饰安装工程除符合设计要求外，其工程质量偏差限值和检验方法见表 11-12。

花饰安装的偏差限值和检验方法　　表 11-12

项次	项　目		偏差限值（mm）		检验方法
			室内	室外	
1	条形花饰的水平度或垂直度	每米	≤1	≤2	拉线、尺量检查和用托线板检查
		全长	≤3	≤6	
2	花饰中心位置偏移		≤10	≤15	纵横拉线和尺量检查
3	花饰垂直度		≤1	≤2	吊线和尺量检查

思考题与习题

11-1　完成 3000mm×1500mm 的 76 系列铝合金玻璃隔断工程。

11-2　完成 3000mm×900mm 的半玻式不锈钢扶手玻璃栏板工程。

11-3　熟悉常用木工机具的使用方法。

参 考 文 献

1 纪士武主编. 建筑装饰工程施工. 第2版. 北京：清华大学出版社，2002
2 顾建平主编. 建筑装饰施工技术. 天津：天津科学技术出版社，1997
3 林福厚编著. 建筑装修作法与施工图. 北京：航空工业出版社，1997
4 刘午平主编. 家居装修技能培训教程. 北京：人民邮电出版社，2001
5 于永彬编著. 金属工程施工技术. 沈阳：辽宁科学技术出版社，1997